乡村振兴战略之人才振兴
职业技能培训系列教材

中式烹调师实用技术

李纯良　李　兵　黄　石◎主编

中国农业科学技术出版社

图书在版编目（CIP）数据

中式烹调师实用技术 / 李纯良，李兵，黄石主编 .—北京：中国农业科学技术出版社，2019.6

ISBN 978-7-5116-4183-0

Ⅰ.①中… Ⅱ.①李…②李…③黄… Ⅲ.①中式菜肴-烹饪-职业培训-教材 Ⅳ.①TS972.117

中国版本图书馆 CIP 数据核字（2019）第 088228 号

责任编辑 崔改泵
责任校对 李向荣

出 版 者 中国农业科学技术出版社
北京市中关村南大街 12 号 邮编：100081
电　　话 (010)82109194(编辑室) (010)82109702(发行部)
(010)82109709(读者服务部)
传　　真 (010)82106650
网　　址 http://www.castp.cn
经 销 者 各地新华书店
印 刷 者 北京富泰印刷有限责任公司
开　　本 880mm×1 230mm 1/32
印　　张 3.625
字　　数 94 千字
版　　次 2019 年 6 月第 1 版 2019 年 6 月第 1 次印刷
定　　价 20.00 元

《中式烹调师实用技术》

编委会

主　编：李纯良　李　兵　黄　石

副主编：王士博　任　宇　高世扬　张东林

何义穹　何大海　胡儒栋　覃本刚

李灿丽

编　委：张　明　李　勇　王明信　朱芳鹏

刘文东　赵俊荣

前　言

中式烹调师又可称为中式厨师、中式烹饪师等，中式烹调师是指运用煎、炒、炸、熘、爆、煸、蒸、烧、煮等多种烹调技法，根据成菜要求，对烹饪原料、辅料、调料进行加工，制作中式菜肴的人员。中式烹调师也是饮食行业较重要的一个组成部分，中式烹调师的就业前景都是非常好的。

本书主要讲述了加工技术与原材料初加工、上浆、挂糊、勾芡、调味与制汤、烹调的基础知识、热菜的烹调与装盘、冷菜制作与装盘等方面的内容。

本书内容丰富、讲解详细、插图明晰、资料实用，语言通俗易懂，可以很好地引导实践、指导操作。

由于编者水平所限，加之时间仓促，书中错误之处在所难免，恳切希望广大读者和同行不吝指正。

编　者

目　录

第一章　加工技术与原材料初加工

第一节　出肉、出料、去骨

一、出肉加工

出肉加工指的是从肉类原料中分出净肉的操作技术。

（一）出肉加工的基本要求

不论生出还是熟出，都要达到如下基本要求：

（1）要按照菜肴特点的要求出肉。例如，做红扒肘子，必须完全取肘肉，有的还要去掉肘骨。又如，制作糖醋排骨，就必须将肋条骨及骨下的部分五花肉一同取下；如果煮汤，则只取骨，不带肉。

（2）出肉必须出得干净，做到骨不带肉，肉不带骨，尽量避免浪费。因此出肉时刀刃应紧紧地贴着骨骼操作。

（3）熟悉家畜、家禽的肌肉和骨骼的结构，做到下刀准确。

（二）几种常用原料的出肉加工方法

1. 猪的出肉加工

猪的出肉加工也叫剔骨。先将半片猪肉放在案板上（皮朝下），用砍刀将其分为前腿、肋骨、后腿三段，然后依次剔去各种骨骼。

（1）剔肋骨。用刀尖先将肋骨条上的薄膜划破，将每条肋骨推出肉外，直至脊骨，然后连同脊骨一起割下。

（2）剔前腿骨。先将前腿内侧从上到下用力割开，使骨头露出，再割出锨板骨下关节，并将上面的肌肉分开，然后取出锨板骨，再剔去腿骨。

（3）剔后腿骨。先从棒子骨处下刀，将肉分开，割断关节上的筋，取出棒子骨。此骨较难取出，因此必须先将两侧的肌肉刮净。接着再取腿骨。腿骨下面有一条小细骨，应先去掉，再去腿骨。剔棒子骨与剔腿骨应交替进行才能将骨剔去。

经过上述三个步骤，半片猪的出肉加工即告完成。牛、羊的出肉加工大体与此相同。

2. 鸡的出肉加工

鸡的出肉加工，亦称剔鸡，就是将鸡肉分部位取下，再将鸡骨剔去。

剔鸡的主要步骤与手法如下：左手握住鸡的右腿，使鸡腹向上，头朝外。先将左腿根部与腹部连接的皮割断，再将右腿根部与腹部连接的皮割断。把两腿从背后折起，把连接在脊背的筋及腰窝的肉割断剔净，用力撕下两腿，剔去腿骨。左手握住鸡翅，将翅根关节处的筋割断，将鸡翅连同鸡脯肉用力扯下，再将鸡里脊肉（鸡牙子）取下即成。鸭的出肉加工与鸡基本相同。

3. 水产品的出肉加工

（1）鱼类的出肉加工。鱼的出肉加工，是将生鱼去骨、去皮而用其净肉。用来出肉的鱼一般选择肉厚、刺少的品种。

①棱形鱼类的出肉加工。以青鱼为例，将青鱼头朝外，腹向左放在菜墩上。左手按着鱼，右手接刀，从背鳍外贴脊骨割一刀，再横劈进去，前至鳃盖，后至尾部，将鱼肉全部劈下，另一面加工方法相同。最后把两扇鱼肉边缘的鱼刺去净，再将皮去掉（也有不去皮的）。

②扇形鱼类（即扁口鱼类）的出肉加工以鲳鱼为例，将

鲳鱼头朝外，腹向左平放在菜墩上，顺鱼的背侧线划一刀直至脊骨，再贴着刺骨劈进去，直至腹部边缘，然后将鱼肉带皮撕下，另一面的鱼肉用同样的方法取下。最后将鱼刺和皮去掉。

③鳝鱼的出肉加工。鳝鱼的出肉加工有生出和熟出两种。生出加工的操作过程是：将鳝鱼宰杀放尽血后，用左手捏住鱼头，右手将尖刀从颈口处插入，随即紧贴脊椎骨一直向尾部剖划，划成两条，去除全部脊骨。熟出加工的操作过程是：将烫死的鳝鱼进行划鳝。划鳝的技术较高，还有划双背和单背之分。所谓划双背就是将鳝鱼划成鱼腹一条、鱼背一条（即整个背部肌肉连成一片，中间不断开）。单背就是划成鱼腹一条、鱼背两条（即整个背部肌肉中间断开，成为两条）。所用的工具都是毛竹制成或牙刷柄磨成的半面较细的斜角工具。因鳝鱼的骨骼是三角形的，所以一般划法都是顺骨骼划三刀。先划鳝鱼腹：将鳝鱼头向左、尾向右、腹向里、背向外放在案板上。左手握住鳝鱼头，并用大拇指压颈下骸骨处，撬开鳝鱼腹可以看到鳝鱼骨的缺口，右手将划刀竖直，从缺口处贴骨插入，直至刀尖透过肉而碰到案板；这时用大拇指和食指捏住划刀，后三指夹牢鳝鱼背，用力将刀向尾部划去，整个软腹就和鳝鱼骨分离，然后将鳝鱼翻一个身，鳝鱼背向里，刀沿鱼骨插入鳝鱼深度的一半，划向尾部，再翻一个身，鳝鱼背向上，同样再划一刀，整个背部肌肉连在一起的一条双背就划了下来。划单背的方法比较简单，就是在划的时候，将背部肌肉的中间处划断，而把鳝背划成两条背肉。

应当注意，鳝鱼的骨头应合理利用，可用来提取鲜汤。

（2）虾的出肉加工。出虾肉也叫出虾仁，有挤、剥两种方法。挤的方法一般用于小虾，可捏着虾头尾，用力将虾肉从脊背处挤出；剥的方法一般用于大虾。还有将虾煮熟再剥出虾肉的。

河虾，在4~5月中旬有虾子及虾脑，在出肉加工中应加以利用。虾子可将虾放在清水中漂出，洗去杂物，用慢火炒后，再上笼蒸透成块，晒干后捻散备用。虾脑也可取出，做其他菜肴用。

（3）蟹的出肉加工。出蟹肉亦称剔蟹肉。先将蟹蒸熟或煮熟，然后分别从各部位出蟹肉和蟹黄。

①出腿肉。将蟹腿取下，剪去一头，用擀杖在蟹腿上向剪开的方向滚压，即可挤出腿肉。

②出蟹肉。将蟹扳下，用刀拍碎螯壳后，取出蟹肉。

③出蟹黄。先剥去蟹脐，挖出小黄，再掀下蟹盖，用竹签剔出蟹黄。

④出身肉。将蟹身掰开，用竹签剔出蟹肉。

（4）海螺的出肉加工。将海螺壳砸破，取出肉，摘去螺黄，用食盐搓去海螺头的黏液，洗净黑膜。用此法出肉的肉色洁白，但出肉率低。另一种方法是将海螺放入冷水锅内，煮至螺肉离壳，用竹签将螺肉连黄挑出洗净。用此法出肉，螺肉色泽较差，但出肉率较高。

二、分档取料

（一）分档取料的作用

分档取料就是把已经宰杀的整只家畜、家禽经过剔骨，根据其肌肉组织的不同部位进行分档，并按照烹制菜肴的要求进行有选择的取料。分档取料是切配工作中的一个重要程序，它直接影响菜肴的质量。

1. 保证菜肴的质量，突出菜肴的特点

由于家畜各部位的肉有老有嫩、有肥有瘦等不同，烹调方法要求也多种多样，所以就必须选用原料的不同部位，以适应烹制多种不同菜肴的需要。从而保证菜肴的质量，突出菜肴的

特点。

2. 保证原料的合理使用，做到物尽其用

根据原料各个部位的不同特点和烹制菜肴的多种多样的要求，选用相应部位的原料，不仅能使菜肴具有多样化的风味、特色，而且能合理使用原料，做到物尽其用。

（二）分档取料的关键

1. 熟悉原料的各个部位，准确下刀是分档取料的关键之一

例如从家畜、家禽的肌肉之间的隔膜处下刀，就可以把原料的不同部位的界线基本分清，就能保证所取用的不同部位的原料的质量特点。

2. 必须掌握分档的先后次序

取料如不按一定的先后次序，就会破坏各个部分肌肉的完整，从而影响所取用的原料的质量和数量。

三、整料去骨

为了烹制出用料精细，造型美观，技术较高的菜肴，往往要将鸡、鸭、鱼等整只原料进行整料去骨。整料去骨（简称去骨），就是将整只原料去净或剔出主要的骨骼，而大体仍保持原料原有的完整形态的一种刀工处理技术。原料经去骨后不仅易于入味和便于食用，还可填上其他原料，使造型美观。原料去骨后较为柔软，可以适当地改变其形状，而制作成象征性的精致菜肴，如八宝鸡、什锦布袋鸡、八宝酿鱼等。

（一）整料去骨的要求

整料去骨在技术和选料等方面的要求都比较高。

1. 选料必须精细并符合整料去骨的要求

凡作为整料去骨的原料，必须选用肥壮多肉而大小适宜的整料，并且要求活鲜。例如，鸡应当选用一年左右而尚未开始

生蛋的母鸡；鸭应当选用 8~9 个月的肥壮母鸭。这种鸡、鸭肉质既不老也不太嫩，去骨时皮不易破，烹制时皮不易裂。鱼也应选用 0.5kg 左右肉厚而肋骨较软的鱼，如黄鱼、桂鱼等。

2. 初步加工时为整料去骨做好准备

（1）鸡、鸭烫毛时，水的温度不宜过高，烫的时间也不宜过长，否则去骨时皮易破裂。鱼类在刮鳞时不可碰破鱼皮，以免影响质和量。

（2）鸡、鸭等先不要破腹取内脏，可以在去骨时随着躯干骨骼一起除去。鱼的内脏也可以从鳃中挤出。

3. 整料去骨

去骨时必须不破损外皮，进刀要贴骨，剔下的骨尽量不带肉，肉中无骨，下刀的部位要正确。

（二）整料去骨的方法

1. 整鱼去骨

（1）出脊椎骨。将鱼头朝外、腹向左放在菜墩上。左手按住鱼腹，右手将刀紧贴鱼的脊椎骨上部横片进去，从鳃后到鱼尾片开一条刀口，用手在鱼身上按紧，使刀口张开，继续贴紧头向里片，直至片过脊椎骨。再将胸骨与脊骨相连处片开（不能割破腹部的皮），鱼的脊椎骨与鱼肉分离。然后将鱼翻个身，用同样的方法使另一面的脊椎骨也与鱼肉完全分离出来。在靠近鱼头和鱼尾处将脊椎骨斩断取出，但鱼头鱼尾仍与鱼肉相连着。

（2）出胸肋骨。将鱼腹朝下放在墩子上，翻开鱼肉，使胸骨露出根端，将刀略斜，紧贴胸骨往下片进去，使胸骨脱离鱼肉，再将鱼身合起，仍然保持鱼的完整形状。

（3）整鱼出骨法。操作方法是：鱼经刮鳞去鳃，用水洗净后，揩干鱼身上的水分，平放砧墩上，头左尾右，鱼腹朝操作人，在鳃骨下距月牙骨约 1cm 处，横切一刀，斩断脊骨。再在平鲚门后距离尾部约7cm处，切开约1cm大小的一小口，以能斩断脊骨为度，将鱼头朝里尾朝外，左手按鱼头，右手持刀（一种特制的剔骨刀，呈“一”字形，长约25cm、宽约2cm、厚1.5cm，刀刃在刀头部位和前部两侧，刀刃不大锋利），端平刀身，从鱼头脊椎骨处进刀，用平推刀法缓缓用力向前推刀，左手按住鱼背，至刀到达尾部脊椎断骨处，再用片刀法向肋骨处横片，割离脊肉与脊骨。这一面片好后，翻过鱼身，用拇指和食指捏住鱼头，其余三指贴住鱼身，用拇指将鱼头推向上，脊椎断骨即暴露。采用同样的方法，使这一面脊椎骨、肋骨，脱离鱼肉，再翻过鱼身，用左手按住鱼腹，用右手手指捏住脊骨和肋骨，慢慢抽出即可。此种整鱼出骨法较前者技术性要求较严，工艺性则更高。

2. 整鸡（鸭）去骨

（1）出颈骨。划破颈皮，斩断颈骨，沿鸡颈在两肩相夹处直划一条6~7cm长的刀口。把刀口处的颈皮掰开，将颈骨拉出，在靠近鸡头将颈骨剁断，刀不可碰破颈皮。

（2）去翅骨。从颈部刀口处将皮肉翻开，使鸡头下垂，然后连皮带肉缓缓往下翻剥，剥至翅骨的关节（骱骨）露出后，用刀将关节上的筋割断，使翅骨与鸡身脱离，先抽出桡骨和尺骨，然后再将翅骨抽出。

（3）去鸡身骨。一手拉住鸡颈骨，另一只手拉住背部的皮肉慢慢翻剥。要将胸骨突出处按下，使之略为低些，以免翻剥时戳破外皮。翻剥到脊部皮骨连接处时，如不易剥下，可用刀贴骨割离，再继续翻剥。剥到腿部时，将两腿向背后部掰开，使长节露出，将筋割断，使腿骨脱离。再继续向下翻剥，剥到肛门处，把尾尖骨割断（不要割破鸡尾），鸡尾仍要留在鸡身上。这时鸡身骨骼已与皮肉分离，随即将骨骼、内脏取出，将肛门处的直肠割断，洗净肛门处的粪便。

（4）出鸡腿骨。将大腿骨的皮肉翻过一些，使大腿骨关节外露，用刀绕割一周，割断筋络，将大腿骨向外抽拉，至膝关节时用刀割下，再在近鸡爪处横割一刀，将皮肉向上翻，将小腿骨抽出斩断。

（5）翻转鸡皮。鸡的骨骼去净后，仍将鸡皮翻转朝外，形态上仍然是一只完整的鸡。

第二节　蔬菜的初步加工

一、蔬菜初步加工的要求

蔬菜初步加工应符合以下要求。

1. 黄叶、老叶必须清除干净

蔬菜上的黄叶、老叶等不能食用部分必须去净，否则会影响菜肴的质量。

2. 虫卵杂物必须洗涤干净

蔬菜叶片背面和根部会带有虫卵，泥沙也较多，必须洗涤干净，以保证食用者的身体健康。

3. 蔬菜必须先洗后切

蔬菜如果先切后洗，会从刀口处流失许多含有营养价值的汁液，也容易被污染。

4. 可食用部分尽量利用

蔬菜在初步加工过程中，尽量利用可食用部分，以降低成本。

二、蔬菜初步加工的方法

蔬菜初步加工一般要经过削剔和洗涤两个步骤。

1. 削剔整理

削剔整理是蔬菜初步加工的第一个步骤。削剔整理就是把泥土、杂物及不能食用的部分完全除掉。根据蔬菜种类不同，一般有拣剔、撕择、剪切、刮削等方法。例如，白菜、菠菜、油菜等要摘掉黄叶、老帮，切去老根，剔去泥土；芹菜要摘除叶子、老茎；茭白、竹笋、山药、土豆、莴苣要剥壳、削皮；豆角等要摘掉蒂和顶尖，并撕去老筋；冬瓜、南瓜、丝瓜要削去外皮，挖去瓜瓤等。

2. 洗涤处理

洗涤处理一般是蔬菜初步加工的第二个步骤。但是有些污物过多的蔬菜，也可边洗边拣。根据蔬菜的种类和烹调的具体要求，可以分为以下几种方法。

（1）冷水洗涤。冷水洗涤是常用的洗菜方法。蔬菜上的泥土污物一般用清洁的冷水都能洗净，并能保持蔬菜的新鲜整洁。洗涤时，可视污秽程度，采用直接洗涤、先浸后洗，边冲边洗等方法，直至洗涤干净。

（2）热水洗涤。热水洗涤可以除去蔬菜的异味和便于剥去外皮。番茄用热水洗涤就容易剥去外皮。

（3）盐水洗涤。盐水洗涤有杀菌作用。有些叶菜上的小虫用清水不易洗净，如放在2%的食盐水中浸洗，小虫就会浮在水面而被除掉。

（4）碱水洗涤。碱水洗涤可以起到解味、去皮的作用，如洗干莲子、干白果等。

第三节　畜肉类的初步加工

畜肉类的初步加工一般可分为宰杀、分档取料、洗涤三个程序。其中宰杀大都在屠宰加工厂专业处理，禽的宰杀有时会进行，活鱼宰杀则会经常进行，畜肉类的洗涤加工是日常工作之一。

畜肉类的初步加工中的洗涤加工，主要是指：猪、牛、羊的内脏，头、爪、舌、尾等部分的洗涤加工。因为这些原料大都污秽和油腻，并带有腥臭气味，如果不洗干净，根本不能食用。由于它们的机体组织及污染的程度不同，洗涤方法也比较复杂，有些原料甚至必须经过几种洗涤方法，才能处理干净。常见的洗涤法主要有翻洗法、搓洗法、刮洗法、冲洗法、漂洗法等。

一、翻洗法

翻洗就是将原料的里外翻洗，主要用于处理里层十分污秽、油腻的肠、肚等内脏。这些原料如果不翻洗则无法洗净。洗大肠一般采用套肠翻洗法，就是把大肠口的一头翻转过来，用手撑开，再在翻过的大肠周围灌注清水，肠受水的压力就会逐渐翻套过去，至里外完全翻转后，就可将附在肠壁上的糟粕和污秽用手扯去或用剪刀剪去，然后再用水反复洗涤。

二、搓洗法

搓洗就是用盐、矾、醋或碱搓洗，主要是为了除去原料上的油腻和黏液。如肠、肚在翻洗过程中，还要用盐、矾和少许醋或碱反复揉搓、洗涤，以除去黏液和恶臭味。要戴手套操作，以防手部受到腐蚀。

三、刮洗法

刮洗法就是用刀边刮边洗，主要用于外皮带有污秽和硬毛的原料。如洗猪蹄，一般用小刀刮去蹄间及表面的污垢和余毛，也可先用烧红的铁器烙去或直接用火燎去余毛，然后再刮洗；洗猪舌、牛舌，一般用开水泡至舌苔发白，再用小刀刮去白苔，洗涤干净。

四、冲洗法

冲洗就是将水灌入原料内部冲洗，主要用于肺脏等原料，冲洗时，将气管套在自来水龙头上，灌入清水，使肺叶扩张，血液流出，直灌至肺色转白，再割破肺的外膜，洗涤干净。

五、漂洗法

漂洗就是用清水漂洗，主要用于质嫩易破的脑、脊髓等原料。洗脑或脊髓时，一般应放入清水中，用牙签轻轻地剔除其外层的血衣、血筋，再轻轻地漂洗干净。

第四节　禽类的初步加工

禽类分为家禽和野禽两大类。由于野禽多为国家保护动物，应用中较少，不做专述。各种家禽的初步加工基本上相同，一般均需经过宰杀、煺毛、开膛、洗涤四个步骤。

一、家禽初步加工的要求

家禽的初步加工应符合以下几点要求。

（1）宰杀时气管和血管必须割断，否则血流不尽，使皮、肉发红，影响质量。

（2）烫毛时应根据家禽的老嫩、季节的变化，以及种类的不同，来决定水温和烫毛的时间。一般情况下，老的家禽烫毛时间长，水温高；嫩的家禽烫毛时间短，水温低。冬季水温要高些，夏季水温应低些。鸡的烫毛时间短，鸭、鹅烫毛时间应长些。

（3）洗涤必须干净，特别是腹腔的血污、内脏的污秽要反复冲洗干净，否则会影响菜肴的质量。

（4）家禽的各部分都有用途，如家禽的头、爪可用来卤、酱，拆卸后的骨骼能煮汤，胗、肠、心、肝、血、腰均可烹制菜肴，鸡胗皮可供药用，鸭、鹅羽毛能做羽绒制品。这些在初步加工时应充分注意到，做到合理地利用和收集，既可增加菜肴品种，又能降低成本。

二、家禽初步加工的方法

1. 宰杀

屠宰要在专用房间或空间，以防鸡挣扎或处理中各种污物污染厨房工作间。宰杀鸡（鸭）前，先准备一个碗，碗内放少许盐和适量清水（夏天用冷水，冬天用温水）。宰杀时，将鸡的双翅拢起，左手掌心向上以虎口处插向翅根，抓住双翅，小指钩住鸡的右腿，大拇指和食指紧紧捏住靠近鸡头处的颈部，再用右手拔去少许颈毛，然后持刀在拔去颈毛的地方割断气管和血管。宰杀后用右手捏住鸡头，左手高举，使鸡身下倾，把血流在碗里。待血全部流尽后，再将鸡的双翅交叉别起，放在地上，即已宰完。碗内鸡血用筷子搅拌一下，待凝固后另作他用。

2. 烫泡煺毛

煺毛必须在鸡完全死后，即爪子不动时进行。过早肌肉痉挛、皮紧缩，毛不易煺去；过晚体温下降，毛孔收缩，毛也不易煺尽。煺毛前，必须先把鸡放在热水中烫，水的温度根据季节和鸡的老嫩而定。一般烫老鸡需用90℃的热水，烫嫩鸡宜用70~80℃的热水；冬季毛厚，水温高些，夏季毛薄水温低些。总之，水温要适合。烫好后，即可动手煺毛。将鸡放在专用的案板上，先捋去爪子上的粗皮和嘴上的壳，再由腿部开始往上推搓，去净身上的羽毛，然后顺毛捋净翅膀上的硬毛，最后逆毛捋净颈部的软毛。

鸭、鹅毛比较难煺。烫毛的方法有温烫和热烫两种。温烫适用于嫩鸭、嫩鸡，水温60~70℃，并较长时间保持这个温度，先煺翅膀和颈部的毛，再煺全身的毛。热烫适用于老鸭、老鹅，水温80℃。边烫边用木棍搅动，烫透后取出煺毛，先煺翅部和颈部，再煺全身。

3. 开膛

开膛是为了取出内脏，根据菜肴需要的形状，一般有腹开、肋开、背开等方法。

（1）腹开。腹开适用于一般烹调方法。先在颈部右侧靠近脊椎骨处开一刀口，取出气管和嗉囊；再在肛门与腹部之间开一长约6~7cm的刀口，由此拉出内脏后，再洗涤干净。

（2）肋开。肋开适用于整只烧烤烹制，主要避免烤制时漏油。先在右翅下开约5cm的弧形刀口，由此拉出内脏、气管及嗉囊，然后冲洗干净。

（3）背开。背开适用于炸、蒸、扒等烹制方法。因成品装盘时腹部朝上，用背开既不见刀口，又丰满美观。背开时，先顺着鸡的椎骨由颈根至肛门直线剖开，入刀不能太深，以防割破内脏，污染原料，然后掏出内脏，洗涤干净。

无论用哪种方法开膛取内脏，都应注意不要碰破肝脏和胆囊。因为肝是较好的原料，碰破会造成损失；胆被碰破，胆汁污染在原料上，会变味发苦，严重时甚至不能食用。

4. 洗涤

家禽的洗涤主要是洗涤内脏。鸡（鸭）的内脏除气管、食管、嗉囊及胆囊外，一般均可食用。其洗涤方法如下。

（1）肫。先割去前段食肠，再由横断面剖开，刮除污物，剥去内壁黄皮，洗净即可。

（2）肝。摘去胆囊（切忌弄破），洗净即可。

（3）肠。先理直并除去附在肠上的两条白色的胰脏，然后顺肠剖开，洗去污物，再用盐、矾洗去肠壁上的黏液，洗净后用水烫过（烫的时间要短，久烫则老，嚼不动）备用。

（4）脂肪。先洗净，再切碎放入碗内，加葱、姜上笼蒸化取出即可。

（5）血。将已凝固的血块放入沸水中慢火烫熟。但不宜久烫，否则血块起孔，影响质量。

（6）其他。鸡（鸭）心、腰及未成熟的卵都应拣出，洗净留用。

第五节　水产品的初步加工

一、水产品初步加工的要求

1. 应注意除尽污秽杂质

水产品往往带有血污、黏液或寄生虫等，在初步加工时要注意除尽，以免影响卫生和菜肴质量。

2. 根据不同品种不同用途进行加工

水产品因品种不同，或品种相同而用途不同，初步加工的方法也不同，对此必须重视。例如，一般鱼都要刮鳞，但鲥鱼、鳓鱼的鳞片含脂丰富，味极鲜美，故不能去鳞。又如同是取内脏，有的鱼需要剖腹取，有的则从口中取。再如，用鳝鱼做鳝片、鳝糊则各需不同的初步加工方法。

3. 注意充分利用原料

进行初步加工时，应注意充分利用各部分原料，不可随便丢弃，造成浪费。例如，鱼头、骨、尾及虾头可以汆汤；青鱼的肝、肠，墨鱼穗、墨鱼蛋等都是一些名菜的原料；黄鱼腹中的鳔还可以干制成鱼肚，更是名菜的原料。

二、水产品初步加工的方法

1. 刮鳞

刮鳞，是刮去鱼的鳞片。有的鱼带有尖锐的背鳍和尾鳍，第一步要把鳍剪去，然后再刮鳞。第二步是去鳃，可用手挖出或剪去，第三步是去内脏，有两种方法：一种是剖腹去脏，使用较多，即在肛门与腹鳍间沿肚皮直线开一道口，取出内脏；另一种是为了保持鱼体完整，在肛门上边横开一刀口，把肠子割断，再用两根方头竹筷紧贴鱼鳃插入鱼腹内，经绞拧后，从鱼口中取出内脏。取内脏时，应注意不要碰破苦胆（一般海鱼无苦胆）。最后一步是洗涤，即用清水洗去黏液和污秽。此外，有的鱼腹内有一层黑膜，腥气重，应在洗涤时除去。

2. 剥皮

剥皮适用于皮面粗糙，皮不能食用和不美观的鱼类，如板鱼、马面纯等，就需要先剥去外皮，再去鳃，然后剖腹，除去内脏，冲洗干净。

3. 煺沙

煺沙，适用于皮面有沙粒的鱼类，如鲨鱼等。首先用热水烫，质老的可用开水烫得时间长些，质嫩的可用热水烫得时间短些，但不要烫破鱼皮，否则沙粒会混入鱼肉，影响食用。烫至能煺掉沙时，用刮刀刮净或用稻草搓净沙粒，然后用剪刀去鳃，剖腹除去内脏，冲洗干净。

4. 泡烫

泡烫，适用于皮面有较多黏液的鱼类。如鳝鱼、鲶鱼、娃娃鱼等。先用开水烫洗去黏液，然后除去鳃和内脏，洗涤干净。

5. 摘洗

摘洗，主要适用于软体水产品。如墨鱼、八带鱼等，一般都要除去黑液、背骨、肠等，然后冲洗干净。

6. 宰杀

宰杀用于甲鱼、鳝鱼等一些鲜活水产品。

甲鱼的宰杀方法是：将甲鱼背朝下放在案板上，待头伸出后用刀剁掉，使血流尽，然后用热水烫至黑皮能刮下时捞出，刮去黑皮，用清水洗净，再把甲鱼背朝上放在案板上，用刀在盖与软边接连处把盖剔除，取出内脏，洗净即可。

鳝鱼的宰杀方法是：将鳝鱼摔昏，在腹部开一刀口，除去内脏，再用左手捏住鱼头，用右手持刀从头颈向腹部划入，并紧贴脊背骨一直向尾部推去，剔出全部脊骨，剁去头尾，洗净即可，也可先将鳝鱼头部用钉子钉在案板上，然后去骨。

第二章　上浆、挂糊、勾芡

第一节　上　浆

一、上浆

上浆是指经过腌制码味的原料加入鸡蛋、淀粉、油，拌和均匀的过程，主要起到保水、增加嫩度和保护原料鲜味的作用。

二、浆的种类

（1）蛋清淀粉浆：由蛋清、淀粉、色拉油构成，成品色白、软嫩。

（2）全蛋淀粉浆：由全蛋、淀粉调制而成，成品软嫩。

（3）淀粉浆：由湿淀粉或干淀粉构成，成品软嫩。

三、上浆实例

1. 肉丝上浆

肉丝上浆的操作方法如下。

（1）切好的肉丝200g、鸡蛋清一个、干淀粉30g、黄酒适量、精盐1g，见图2-1①。

（2）将肉丝用干净的布吸净多余的水分，加入黄酒、精盐码味后放入盆中备用，见图2-1②。

（3）放入蛋清轻轻搅拌均匀，见图2-1③。

（4）把干淀粉均匀放入，见图2-1④。

（5）采用从下向上翻拌的方法把肉丝与淀粉蛋清拌匀，然后倒入适量的色拉油拌匀，见图 2–1⑤。

（6）浆好的肉丝放入冷柜或冰箱中静置一小时后即可烹调，见图 2–1⑥。

图 2–1　肉丝上浆过程

2. 虾仁上浆

虾仁上浆的操作方法如下。

（1）虾仁 300 g、蛋清一个、黄酒少许、胡椒粉适量、干淀粉 40 g、色拉油适量，见图 2–2①。

（2）将虾仁用洁净的布吸净多余水分放入盆中，放入精盐 2g、胡椒粉适量拌匀，见图 2–2 ②。

（3）加入蛋清和干淀粉拌匀，拌好后用中等力量摔打使其与淀粉、蛋清完全吸附在一起，见图 2–2③。

（4）拌入适量的色拉油放入冰箱中冷藏，见图 2–2④。

（5）上好浆的虾仁饱满、光润，见图 2–2⑤。

图 2-2　虾仁上浆过程

四、上浆的操作要领

上浆的操作要领如下。

（1）原料一般都要先进行基本调味，调味不可过重，盐量占总量的1/3即可。

（2）浆的厚度按菜肴的要求而定，宜薄不宜厚，冷冻后或水分较大的应采用干粉上浆。

（3）上浆时抓拌力度要轻，主要以拌为主，轻轻搅动均匀即可，勿用力过大造成原料破损、碎裂。

（4）酒店或饭店对常用原料通常批量上浆，如虾仁、肉片、牛柳等，这种上浆法应用较广，所以操作时要根据原料特点及日用量而定。上浆时可略稀一些，因为淀粉吸水慢慢膨胀，这样原料会变得鲜嫩，浆的效果更好。

（5）滑油时，必须掌握好油温、控制好火候。油凉脱浆，沉底粘锅；油热原料不易滑散，凝固成团分散不开，甚至出现焦糊状。

第二节　挂　糊

一、挂糊

挂糊是指经过刀工切配、腌制（基础调味）的原料表面拍、粘或裹一层调好的黏性糊，经油炸处理成为半成品或成品的方法，挂糊后的原料质感外酥内嫩或松软、成形美观。

二、糊的种类及调制方法

1. 水粉糊

水粉糊由干淀粉、水、油构成，成品外皮脆硬，色焦黄，常用于干炸、焦熘一类菜肴，用途广泛。

水粉糊的调制方法如下。

（1）准备玉米淀粉 100g、冷水 50g、植物油 10g、白钢盆一个，将玉米淀粉倒入盆内，见图 2-3①。

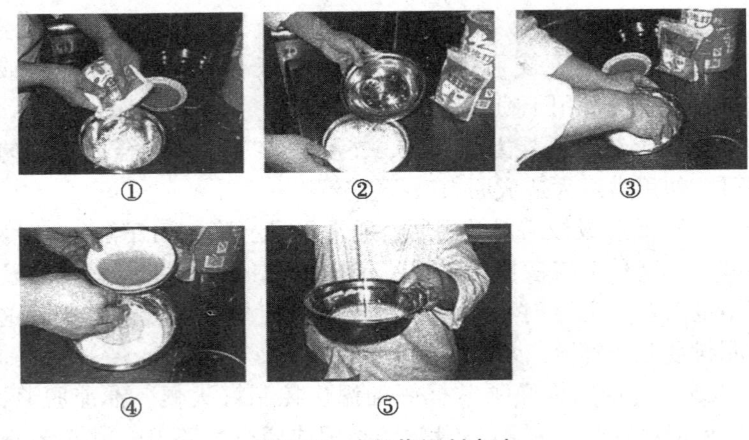

①　②　③　④　⑤

图 2-3　水粉糊调制方法

（2）将清水分次倒入盆中，见图 2-3②。

（3）将淀粉与水充分拌匀见图 2-3③。由于淀粉在水中不溶解，如果搅拌不均，淀粉中细小的颗粒形成一个个小的粉团，在油炸时就会产生气体爆裂伤人。

（4）水粉充分搅匀后，将植物油倒入，见图 2-3④。加入植物油的目的是使成品更加的酥脆，原料入锅时滑润易分散。

（5）调好的水粉糊用手抓起一些让其自由流下，比例合适的糊自手中流淌下来连绵不断，两指分开糊能黏连成片，见图 2-3⑤。如果糊自手中呈水滴状滴落，表明糊过稀；如果糊不流淌或成粗块状，说明糊干。调制水粉糊可以利用淀粉不溶于冷水的特性将玉米淀粉先泡好，待淀粉沉淀把上面的水倒掉，用泡好的湿淀粉调制效果更好。糊调好后尽快使用，远离热源放置。

2. 酥糊

酥糊由鸡蛋、淀粉、植物油构成，成品色泽金黄，口感酥脆、蓬松饱满，多用于酥炸类菜肴。

酥糊的调制方法如下。

（1）准备全蛋两个、生豆油 25g、玉米淀粉 150 g，见图 2-4①。

（2）鸡蛋打入盆中搅散，淀粉投放时一次不要加入太多，防止形成淀粉颗粒无法搅开，见图 2-4②。

（3）将淀粉与鸡蛋液充分搅拌，见图 2-4③。搅拌时不要过于用力，同时用手指捻捏，防止糊中干淀粉不溶解形成粉粒。

（4）把油倒入糊中，缓慢搅拌使油糊充分混合，见图 2-4④。

（5）调制完成的糊，色泽金黄浓度适中，见图 2-4⑤。制糊时加入油脂主要起到酥松的目的，使用生豆油是为了使成品色泽美观。有些地区调制酥糊时还会加入适量的面粉，淀粉与面粉的比例是 2∶1，调制时不要用力搅拌防止面粉起筋性。

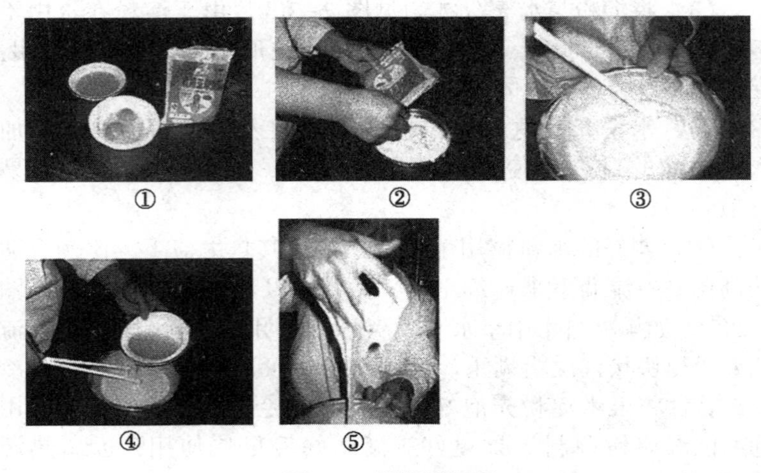

图 2-4 酥糊的调制

三、调糊、挂糊的操作要领

调糊、挂糊的操作要领如下。

（1）质嫩的原料挂糊应厚一些；质老的原料挂糊应稀薄一些。

（2）经过冷冻的原料糊要稠一些，未经冷冻的原料糊可稀一些。

（3）糊要把原料全部包裹起来，没有包裹住的地方经油炸质地会变老，色泽不均影响菜肴质量。

（4）原料挂糊后应立即烹调，停留时间太长影响色泽和质感。拍粉的原料如停留时间太长，水分渗出形成一层淀粉皮，经油炸后与原料分离会鼓起，影响菜肴质量。

第三节　勾　芡

勾芡也称拢芡、打芡，就是在菜肴接近成熟或出锅之前，将调制好的粉芡淋入锅内，使菜肴汤汁浓稠，增加汤汁对菜肴附着力的一种技术。其主要利用原理是淀粉受热吸水膨胀糊化产生黏性，形成透明光滑的芡汁粘在原料表面，淀粉的黏性大小主要看其所含支链淀粉的多少和在水中溶解程度。淀粉本身没有味道，但菜肴通过勾芡改变其物理状态，食品的温度、黏度、口感、色泽受勾芡的影响发生一些变化，人们在食用时通过感官反应能感到菜肴的不同变化，从而达到调味增鲜的目的。

一、勾芡的主要原料

勾芡使用的主要是各种淀粉。淀粉的质量由于种类不同其勾芡后的效果也各有不同，通常选择的淀粉要色白、细腻、黏性强，则勾芡后的芡汁黏稠、透明度高。烹调中用于勾芡的淀粉如表 2-1 所示。

表 2-1　烹调中用于勾芡的淀粉

品种	特点
生粉	木薯、蚕豆制成，色泽洁白，黏性较强，用途较广，勾芡和制糊效果都好。南方一些地区使用较多，现在全国普遍使用
玉米淀粉	玉米磨碎沉淀所得的淀粉，用途较广，是烹调中价廉物美的一种淀粉，其特点是色泽洁白、黏性强。用作勾芡可使卤汁均匀，无沉淀物，但透明度稍差，勾芡调糊效果俱佳
绿豆淀粉	绿豆制成，黏性足，吸水性较差，色泽洁白，微带青绿色，有光泽，质量较好。用作勾芡可使卤汁浓稠，无沉淀。部分地区用作勾芡，多数用来制作一些淀粉制品
马铃薯淀粉	马铃薯磨浆沉淀制成。黏性足，吸水性较强，质地细嫩，色泽洁白。勾芡效果好，制糊应用较少，多用于制作一些淀粉制品
甘薯淀粉	地瓜淀粉，色泽灰暗，质地粗，黏性差，比其他的淀粉稍差

二、粉汁的种类

1. 单纯粉汁

单纯粉汁是由淀粉加水调匀而成，烹调中应用广泛。

（1）淀粉与水的比例为 1∶2，根据每日的用量添加。

（2）经常换水保持粉汁干净，收档时放入冰箱存放，防止发酵变酸。

2. 对汁

在菜肴烹调前先把菜肴需要加入的调味品和汤汁放入碗内，加入湿淀粉调匀。菜肴主料经过油处理再回锅时，烹入碗汁颠翻均匀。

三、芡汁的分类

1. 包芡

包芡又称厚芡、爆芡，是浓度最大的一种芡。这种芡汁多用于爆菜，勾芡后菜肴的汤汁浓稠，包裹在菜肴的表面上，盛入盘内菜肴不散落、不流汁，紧汁爆芡，吃完菜肴后盘内基本无汁，只余有少许的油汁。使用这种芡一般都用于爆、炒的方法，使用对汁旺火速成。

2. 糊芡

糊芡是一种较厚的芡汁。这种芡比爆芡的浓度稍稀，一般用于烧、烩的方法。勾芡后汤菜融合，柔软滑润，口味变醇厚，并且能起到很好的保温作用。

3. 流芡

流芡又称玻璃芡、琉璃芡。勾芡后一部分芡汁挂在菜肴上，另一部分流向盘中呈现稀流状。这种芡适用于熘、蒸、扒以及一些扣制的菜肴。一般使用菜肴的原汁勾芡，制成后汤宽味厚、油润香鲜。

4. 米汤芡

米汤芡是一种最稀的芡汁。这种芡汁稀薄，适用于一些口味清淡、鲜嫩易熟、烹制时间较短不宜入味的菜肴。通过适量芡汁的作用使菜肴汤汁变稠附着在菜肴上，使菜肴口味变厚。

四、勾芡的具体操作方法

1. 烹入法

烹入法一般使用对汁芡。在菜肴的初步熟处理阶段就把菜肴需要的各种调味品放入碗中，再加入湿淀粉调匀。烹制时倒入锅内迅速翻匀，多用于爆、炒、熘等旺火速成的烹调方法。

2. 淋入法

淋入法是在菜肴接近成熟时，将调好的粉汁一边均匀地、缓缓地淋入锅内，一边摇晃，使整个菜肴和汤汁均匀融合，成菜滑润柔软。淋入法多用于烧、扒、烩等烹调方法。

3. 浇入法

浇入法是在菜肴成熟时装入盘内，另起油锅调制卤汁，浇在菜肴上面，使卤汁附着在菜肴上，芡汁在盘内呈半流体状态。

五、勾芡的操作关键

（1）勾芡必须在菜肴即将成熟时进行，过早或过迟都会影响菜肴的质量。如果勾芡后菜肴在勺中停留过久，则卤汁易焦，所以不能过早勾芡。一些熘、爆等烹调方法的菜肴的操作过程非常迅速，如果在菜肴已经成熟时才进行勾芡，勾芡后要翻拌、淋明油，就会造成菜肴受热时间过长，失去脆嫩的口感，所以勾芡一定要选择恰当的时机来进行。

（2）勾芡必须在旺火上进行。勾芡时火力不足，就会使淀粉不能迅速糊化，容易粘底，而且由于淀粉溶液不能够及时、彻底糊化，造成多勾芡的现象，从而影响菜肴的质量。

（3）勾芡时菜肴卤汁中的油量不宜过多。油量过多，勾芡后卤汁便不易粘裹上原料。如果勾芡时发现油量过多，可用手勺先将油撇出一些，待勾芡后再淋入勺内。

（4）用单纯的粉汁勾芡，必须在菜肴的口味、颜色已经调准后进行。

第三章　调味与制汤

第一节　调　味

一、调味的作用

1. 确定滋味

调味最重要的作用是确定菜肴的滋味。能否给菜肴准确恰当定味并从而体现出菜系的独特风味，显示了一位烹调师的调味技术水平。

对于同一种原料，可以使用不同的调味品烹制成多样化口味的菜品。如同是鱼片，佐以糖醋汁，出来是糖醋鱼片；佐以咸鲜味的特制奶汤，出来是白汁鱼片；佐以酸辣味调料，出来是酸辣鱼片。

对于大致相同的调味品，由于用料多少不同，或烹调中下调料的方式、时机、火候、油温等不同，可以调出不同的风味。例如都使用盐、酱油、糖、醋、味精、料酒、水淀粉、葱、姜、蒜、泡辣椒作调味料，既可以调成酸甜适口微咸，但口感先酸后甜的荔枝味，也可以调成酸甜咸辣四味兼备而葱姜蒜香突出的鱼香味。

2. 去除异味

所谓异味，是指某些原料本身具有使人感到厌烦，影响食欲的特殊味道。

原料中的牛羊肉有较重的膻味，鱼虾蟹等水产品和禽畜内脏有较重的腥味，有些干货原料有较重的臊味，有些蔬菜瓜果有苦涩味等。这些异味虽然在烹调前的加工中已解决了一部分，但往往不能根除干净，还要靠调味中加相应的调料，如酒、醋、葱、姜、香料等，来有效地抵消和矫正这些异味。

3. 减轻烈味

有些原料，如辣椒、韭菜、芹菜等具有自己特有的强烈气味，适时适量加入调味品可以冲淡或综合其强烈气味，使之更加适口和协调。如辣椒中加入盐、醋就可以减轻辣味。

4. 增加鲜味

有些原料，如熊掌、海参、燕窝等本身淡而无味，需要用特制清汤、特制奶汤或鲜汤来“煨”制，才能入味增鲜；有的原料如凉粉、豆腐、粉条之类，则完全靠调料调味，才能成为美味佳肴。

5. 调和滋味

一味菜品中的各种辅料，有的滋味较浓，有的滋味较淡，通过调味实现互相配合、相辅相成。如土豆烧牛肉，牛肉浓烈的滋味被味淡的土豆吸收，土豆与牛肉的味道都得到充分发挥，成菜更加可口。菜中这种调和滋味的实例很多，如魔芋烧鸭、大蒜肥肠、白果烧鸡等。

6. 美化色彩

有些调料在调味的同时，赋以菜肴特有的色泽。如用酱油、糖色调味，使菜肴增添金红色泽，用芥末、咖喱汁调味可使菜肴色泽鲜黄，用番茄酱调味能使菜肴呈现玫瑰色，用冰糖调味使菜肴变得透亮晶莹。

二、调味的阶段

1. 原料加热前调味

调味的第一个阶段是原料加热前的调味，即菜中的码味，使原料下锅前先有一个基本滋味，并消除原料的腥膻气味，例如下锅前，先把鱼用盐、味精、料酒浸渍一下。有一些炸、熘、爆、炒的原料，结合码芡加入一些调味品，许多蒸菜都在上笼蒸前一次调好味。

2. 原料加热过程中的调味

调味的第二个阶段是在原料加热过程中的调味，即在加热过程中的适当时候，按菜肴的要求加入各种调味品，这是决定菜肴滋味的定型调味。如菜中的对滋汁，就是在加热过程中调味的一种方法。

3. 原料加热后的调味

调味的第三阶段是原料加热后的调味，属于辅助性调味，借以增加菜肴的滋味。有些菜肴，如锅巴肉片、脆皮全鱼等，虽在加热前、加热中进行了调味，但仍未最后定味，需在起锅上菜后，将随菜上桌的糖醋汁淋裹在主料上。在菜中，炸、烧、烤、干蒸一类菜肴常在加热装盘后。用对好调料的滋汁单独下锅制成二流芡浇淋在菜肴上；煮、炖、烫一类菜肴一般调制味碟随菜上桌蘸用；而各种凉拌菜则几乎全都是在加热烹制或汆水后拌和调料的，如用对好调料的滋味汁浇淋在菜上，或调制味碟随菜上桌。

三、调味的原则

1. 定味准确、主次分明

一味菜品，如果调味不准或主味不突出，就会失去风味特点。只有按所制菜肴的标准口味，恰当投放各种调味品，才能味道准确且主次分明。

川菜虽然味型复杂多变，但各种味型都有一个共同的要求，就是讲究用料恰如其分、味觉层次分明。同样是咸鲜味菜品，开水白菜是味咸鲜以清淡见称，而奶汤海参则是味咸鲜而以醇厚见长。再如同样用糖、醋、盐作基本调料，糖醋味一入口就感觉明显甜酸而咸味淡弱，而汤滋味则给人酸、甜、咸并重，且次序上是先酸后甜的感觉。川菜中的怪味鸡丝使用12种调味品，比例恰当而互不压抑，吃起来感觉各种味反复起伏、味中有味，如同听大合唱，既要清楚听到男女高低各声部，又有整体平衡的和声效果，怪味中的“怪”字令人玩味。

2. 因料施味、适当处理

即是依据菜肴中主辅料本身不同性质施加调味品，以扬长抑短、提味增鲜。

对新鲜的原料，要保持其本身的鲜味，调味品起辅助使用，本味不能被调味品的味所掩盖。特别是新鲜的鸡、鸭、鱼、虾、蔬菜等，调味品的味均不宜太重，即不宜太咸、太甜、太辣或太酸。

带有腥气味的原料，要酌情加入去腥解腻的调味品。如烹制鱼、虾、牛羊肉、内脏等，在调味时就应加酒、醋、糖、葱、姜之类的调味品，以解除其腥味。

对本身无显著滋味或本味淡薄的原料，调味起增加滋味的主要作用。如鱼翅、燕窝等，要多加鲜汤和必需的调味品来提鲜。

一些颜色浅淡、味道鲜香的原料，最好使用无色或色淡的调料且调味较轻，如清炒虾、清汤鱼糕等菜肴，只放少量的盐和味精，使菜品有“天然去雕饰”的自然美。

此外，应根据季节变化适当调节菜肴口味和颜色。人们的口味，往往随季节的变化而变化，在天气炎热的时候，口味要清淡，颜色要清爽；在寒冷的季节，口味要浓，颜色要深些。

还要根据进餐者的口味和菜肴多少投放调味品，在一般的情况下，宴会菜肴多口味宜偏轻一些，而便餐菜肴少则口味宜重一些。

调制咸鲜味，主要用盐，某些时候，可以适当加一些味精，但千万别只靠味精增鲜。因不同菜肴的风味需要，也可以加酱油、白糖、香油及姜、椒盐、胡椒调制，但一定要明白糖只起增鲜作用，要控制用量，不能让人明显地感觉到放了甜味调料；香油亦仅仅是为了增香，若用量过头，也会适得其反的。应用范围是以动物肉类，家禽、家畜内脏及蔬菜、豆制品、禽蛋等为原料的菜肴。如：开水白菜、鸡豆花、鸽蛋燕菜、白汁鱼肚卷、白汁鱼唇、鲜熘鸡丝、白油肝片、盐水鸭脯等。

第二节 制 汤

一、制汤的意义

制汤又称汤锅，是把蛋白质与脂肪含量丰富的动物性原料放在水锅中加热，以提取鲜汤，作为烹调菜肴之用。

汤的用途非常广泛，不但是汤菜的主要原料，而且是很多菜肴的调味用料，特别是鱼翅、海参、燕窝等珍贵而本身又无鲜味的原料，全靠精制的鲜汤调味提鲜。因此，汤的质量好坏对菜肴的质量影响很大。

二、制汤的方法

汤的种类较多，各地方菜系在具体用料、制法以及名称上各不相同，但归纳起来，可分为毛汤、奶汤和清汤三类。

我国各大菜系，素以善制鲜汤著称，其用料之精，制法之细，汤味之鲜，各菜系均有其独到之处。各类汤的制法如下：

1. 毛汤

毛汤是制作最简单、使用最普遍的一种。其特点是汤呈浑白色，浓度较差，鲜味较小。一般作为大众菜肴的汤料或调味用。

（1）用料。一般用鸡、鸭的骨架，猪肘骨、肋骨、猪皮等及需要焯水的鸡、鸭、猪肉等。

（2）制法。制毛汤一般不必准备专用锅，大多用设在炉灶中间的汤锅制作。制作方法是：将鸡、鸭的骨架、猪骨，以及需要焯水的鸡、鸭、猪肉等用水洗干净后，放入汤锅中，加入冷水，待烧沸后撇去浮沫，加盖继续加热（焯水的原料可根据需要随时取出），至汤呈浑白色时即可使用。

2. 奶汤

奶汤的特点是：汤呈乳白色，浓度较高，口味鲜醇。主要作为奶汤菜的汤料及白汁菜等菜肴调味用。

（1）用料。宰好的母鸡 1 只（约重 1kg）、猪肘肉、猪肘骨、猪肋骨、鸭骨、猪肚等各 1kg。

（2）制法。初步加工：将宰好的母鸡用刀剁去爪，洗净；猪肘肉切成长条；猪肘骨、猪肋骨、鸭骨洗净、砸断，一起放入沸水锅中，约煮 5 分钟捞出，用清水洗净。猪肚也要先经过焯水后再使用。煮制：将猪肘骨、猪肋骨、鸭骨放入汤锅内在热底铺开，鸡、猪肘肉及猪肚放在骨上，加入清水，加盖。用旺火烧沸后改用中火煮，至汤呈乳白色，鸡、猪肉已烂时，将锅端离炉火，捞出肉和骨头，再用净纱布将汤滤净即成。

3. 清汤

清汤的特点是：汤呈微黄色，清澈见底，味极鲜香。主要作为清汤菜的汤料及爆、烧、焖、炒等类菜肴调味用。

（1）用料。宰好的母鸡、肥鸭、猪肘子、猪骨、葱段、姜片、精盐。

（2）制法。初步加工：将宰好的母鸡洗净，剁去爪，剔下全部脯肉，剁成茸泥（称白哨）；再将适量的鸡腿肉剁成茸泥（称为红哨），将鸡、鸭的腿骨砸断，两翅别起；猪肘子刮洗干净，用刀划开皮肉，使肘骨露出，将肘骨砸断。煮制：将汤锅刷洗干净，倒入适量清水，依次放入猪骨、鸡（不包括白哨和红哨）、鸭和猪肘子。在旺火上煮沸后，撇去浮沫，煮至六成熟时，将猪肘子、鸡、鸭、猪骨捞出。汤锅移至微火上，撇去浮沫，舀出适量汤放入盆内晾凉。在盆内加入鸡红哨、葱段、姜片搅匀。将猪骨、鸡、鸭、猪肘子再放入原汤锅里，用微火慢煮约1小时，然后再捞出猪肘子、鸡、鸭、猪骨。吊制：将汤锅端离炉火，撇去浮油，晾至七成热时，再将汤锅放在中火上，加入精盐（适量），用手勺搅动，使汤在锅内旋转，随即加入有鸡腿茸的凉汤，继续搅动，待汤烧至九成热，鸡腿茸漂浮至汤表面时，用漏勺捞出，将汤锅端下晾凉。同时舀出少量汤放入盆内，加入鸡脯茸搅动，倒入汤锅内。随即将汤锅放在旺火上，加入精盐（适量），用手勺搅动。待汤烧至九成热，鸡脯茸全部浮至汤表面时，将汤锅移至微火上，捞出鸡脯茸，撇净浮沫后，将锅端下、晾凉即成。

吊制即通常所说的吊汤。吊汤的目的有两个：一是使鸡茸的鲜味溶于汤中，最大限度地提高汤的鲜味，使口味鲜醇；二是利用鸡茸的吸附作用，除去微小渣滓，以提高汤汁的澄清度。

三、制汤时应掌握的要点

各地方菜系在制汤的具体用料和方法上虽有差别，但基本上大同小异。由于所使用的原料都含有丰富的蛋白质和脂肪，所以制汤掌握的要点差别不大。

1. 必须选用鲜味浓厚、无腥膻气味的原料

制汤所用的原料，各地方菜系虽然略有差别，但大致以鲜味浓厚、无腥膻气味的动物性原料为主，如鸡、鸭、猪瘦肉及

骨架等。

2. 制汤原料一般均应冷水下锅，且中途不宜加水

因为制汤所用的原料，体积较大，如投入沸水锅中，原料的表面骤受高温，外层蛋白质凝固，内部的蛋白质就不能大量地渗到汤中，汤汁就达不到鲜醇的要求，而且最好一次加足水，中途加水也会影响质量。

3. 必须恰当地掌握火力和时间

制汤时，恰当地掌握火力和时间极为重要，一般来说，制奶汤是先用旺火将水烧沸，然后即改用中火，使水保持沸腾状态，直至汤汁制成。火力过大，容易造成焦底而使汤产生不良气味；火力过小，则汤汁不浓，汤色发暗，黏性较差，鲜味不足。制清汤是先用旺火将水烧沸，然后改用微火，使汤保持微沸，呈翻小泡状态，直至汤汁制成。火力过大，会使汤色变白，失去“清澈见底”的特点；火力过小，原料内部的蛋白质等不易渗出，影响汤的鲜味。

4. 必须掌握好调料的投料顺序和数量

制汤中常用的调料有葱、姜、盐、绍酒等，在使用这些调料时，应掌握好投放顺序和数量。制汤时，绝对不能先加盐。因为盐有渗透作用，易渗进原料中去，使原料中的水分排出，蛋白质凝固而不易充分地溶于汤中，影响汤的浓度和鲜味。此外，葱、姜、绍酒等不能加得太多，加多了会影响汤本身的风味。

第四章　烹调的基础知识

第一节　常用的厨房设备和烹调工具

一、厨房设备

1. 炉灶

炉灶是最普遍且制作各类加热烹调菜肴和主食时不可或缺的器具，分为燃气和燃油两种。燃气灶是指以煤气、天然气、丙烷为燃料的灶具；燃油是指以柴油为主要燃料的灶具。这两种是现代厨房应用最多的炉灶，具有火力旺、易操控、方便卫生的特点。

2. 蒸锅

蒸锅又称蒸箱，是利用蒸汽来烹制菜肴的器具。现代厨房中的蒸锅是一个重要的岗位，一般称为上什。蒸锅加热食品可以减少营养成分的流失，保存原料的鲜味和形态不被破坏。常见的有传统型（蒸笼）、对流型、加压型三种，加压型是大型厨房中应用较多的设备。

3. 荷台

荷台是用来摆放半成品和摆放出菜盘的长方形白钢长台，内设制冷设备，可存放调味汁和盘饰小件。

4. 汤锅

汤锅是用来熬煮烹调用汤和制作卤水、酱菜的灶具。

5. 冰箱、冷库

冰箱、冷库是用来存放生料、半成品、调味汁的大型冷藏设备。存放食品时应遵循卫生要求生熟分开，专人管理。

二、烹调工具

烹调用具种类很多，由于各地方菜和各地饭店的使用习惯不同，因此，很多烹调用具没有固定的规格。这里介绍几种主要烹调用具供大家参考学习。

1. 炒锅

炒锅又称耳锅、炒瓢、镬。炒锅有生铁锅和熟铁锅两种，烹调菜肴使用的是熟铁锅。熟铁锅一般直径是46cm和60cm两种规格。

鉴别炒锅的质量主要是看炒锅的光泽。炒锅以白亮为好，暗黑为差，此外还要注意炒锅中有没有沙眼或裂缝，凹凸不平等缺点。

2. 炒勺

炒勺又称大勺、油勺，熟铁制成，圆形、浅腹，柄长约100cm，装有木把，有平底和圆底两种，北方使用较多。专用于炒、熘、炸、爆等菜肴的烹制，要保持勺底的光滑洁净，不能与汤勺混用，见图4-1。

炒锅、炒勺的使用与保养：

（1）新买的炒锅应先用砂纸将锅内壁磨一磨，使其平整光滑，然后将炒锅置于火上烧红，敲去黏附灰尘，用一块肉皮反复擦拭锅底，使其光滑之后刷洗干净，接着用新锅熬炼一锅油脂，让新锅在油的浸润下润滑不粘锅。

（2）炒锅、炒勺用完后必须洗净。一种是采用干洗法，就是用竹刷将锅中油污擦净，再用抹布擦干净；另一种是水洗法，是用水冲洗干净，再用抹布擦干，再次使用时必须先将炒锅烧

图 4-1　炒锅、炒勺的使用与保养

热，水分蒸发干才能使用。

（3）原料烧焦粘底时应在锅中洒一些粗盐，用竹刷擦拭干净后再清洗擦干。

（4）每隔一段时间应将炒锅放在炉上烧红，铲去锅底、外侧、锅边的油污和焦灰。

（5）每日使用完毕收档时，一定要将炒锅、炒勺洗净挂好或扣在灶口，防止上锈落灰。

3. 手勺

手勺（南方称铁壳）有不锈钢和铁制两种，勺的直径在12cm左右，柄端有一木把，主要用于加入调味料和翻拌菜肴以及将烹调好的菜肴装入盛器内。

4. 手铲

手铲是烹调菜肴和煮饭进行搅拌之用，质量有不锈钢和铁制两种，烹调菜肴的较小，制作饭食的较大。

5. 笊篱

笊篱（现在与漏勺在行业中通称）用白钢或铁丝制成，用于从油或水中捞取原料、过滤水分或油渣之用。圆形、多孔、有大有小，直径约 30cm。

6. 筛网

筛网也叫网筛（南方称箩斗），是过滤汤汁、油料或调味品中微小渣滓的工具。用细铜丝或不锈钢丝编织成如漏勺的筛子，可以直接捞取油渣，用于过滤汤汁和调味品时可以在筛网上面加一块纱布。用过以后要及时把筛网上黏附的渣滓清除掉，渣滓干后不易除掉，会影响使用。

7. 铁筷子

铁筷子的作用是在锅中扬散细碎原料，如滑鸡丝时用手勺就不方便，而用铁筷子就较为方便。铁筷子长约 33cm，顶端用细铁链相连。

8. 油桶

油桶用不锈钢制成，圆形，直径 23～28cm，高 20～25cm，用于盛装油用。

以上所述均为目前饮食业中常用的各种用具，此外，还有很多零碎用具，这里不一一列举。对这些用具，一方面我们必须了解它们，学会使用它们；另一方面，我们在了解和使用的基础上，通过不断实践，根据科学知识加以研究去进一步改进，来提高工具的使用价值和工作效率。

第二节　烹调操作基础知识

一、烹调操作的一般要求

烹调是一项复杂细致的操作，技术性和艺术性都很强，同时又是在高温的条件下进行操作，所用的工具设备都是比较费力的，为了适应这样的劳动特点，就必须注意以下几项要求。

（1）注意身体的锻炼，以增强体力和耐力，特别是背力。

（2）具有正确的操作姿势，要自然大方、方便操作、减少疲劳，有利于工作的持久和效率的提高。

（3）熟悉各种工具的正确使用方法，要做到正确掌握和灵活运用。

（4）在操作时必须思想集中、动作敏捷和注意安全。

（5）使用调味品干净利落，保持灶面整洁，注意清洁卫生。

二、烹调基本功训练内容

烹调基本功就是在烹制菜肴的各个环节中必须掌握的技艺和方法，其主要内容有以下几项。

（1）投料及时准确。

（2）挂糊上浆均匀适度。

（3）能正确、灵活地识别和掌握油温。

（4）灵活运用火候。

（5）勾芡适时恰当。

（6）翻勺（锅）自如，动作准确。

（7）出锅及时，方法正确。

（8）装盘熟练卫生。

三、勺功基本操作知识

1. 勺功

勺功是指在临灶烹调过程中使用不同的力度，运用不同的运勺方法，采取一连贯的动作，从而完成菜肴制作的整个过程的操作技术。勺功是运用炒勺临灶操作的一项技术。运勺过程中，由于力度不同、力的方向不同，推、拉、扬、晃、举、颠、翻等动作的结果也不同。运勺的方法往往根据技法和原料及成菜的特点要求来选择，有很大的灵活性、机动性，所采取的动作是否合理、连贯，是否协调一致，往往决定操作的成功与失败。这些技术性、机巧性的活动，需要有一个实践锻炼过程才能完善。

2. 勺功的作用

（1）保证烹调原料均匀地受热成熟和上色。原料在勺内不停移动或翻转，使原料受热均匀一致，成熟度一致，原料的上色程度一致。及时端勺离火，能够控制原料受热程度及成熟程度。

（2）保证原料入味均匀。原料的不断翻动使投入的调味料能够迅速而均匀地与主辅料融合、渗透，使口味轻重一致，滋味渗透交融。

（3）形成菜肴各具特色的质感。不同菜肴其原料受热的时间要求不同，勺功操作可以有效地控制原料在勺中的时间和受热的程度，因而形成其特有的质感。如菜肴的嫩、脆与原料的失水程度相关，迅速地翻拌使原料能够及时受热，尽快成熟，使水分尽可能少地流失，从而保证菜肴嫩、脆的口感。

（4）保证勾芡的质量。通过晃勺、翻勺可使芡汁分布均匀，成熟一致。

（5）保持菜肴的形状。对一些质嫩不宜进行搅动、翻拌的原料，可采用晃勺，而不使料形破碎；对一些要求形整不乱的菜肴，翻勺可以使菜形不散乱，如烧、扒菜的大翻勺。

3. 勺功的要求

（1）掌握勺功技术各个环节的技术要领。勺功技术由端握勺、晃勺、翻勺、出勺等技术环节组成，不同的环节都有其技术上的标准方法和要求，只有掌握了这些要领并按此去操作，才能达到勺功技术的要求。

（2）操作者要有良好的身体素质与扎实的基本功。勺功操作要有很好的体能与力量才能完成一系列的动作，而只有扎实的基本功训练才能练就操勺动作的准确性、机动性，达到应有的技术要求。

（3）要有良好的烹调技法与原料知识素养，熟悉技法要求和原料的性质特点。在实际操作中因法运用勺功、因料运用勺功，才能烹制出符合风味特色要求的菜肴。

（4）勺功操作要求动作简捷、利落、连贯协调，杜绝拖泥带水、迟疑缓慢。因为菜肴在烹制时，对时间的要求是很讲究的，有快速成菜的菜肴，也有慢火成菜的菜肴，何时该翻勺调整料的受热部分都有一定的要求，所以及时调整火候是不能迟疑和拖沓的，只有简捷、利落、连贯协调、一气呵成才能符合成菜的工艺标准。

（5）晃勺、翻勺过程中要求勺中的料和汤汁不洒不溅，料不粘勺、不煳锅，既清洁卫生又符合营养的要求，保持菜肴的色泽与光洁度。

4. 勺功的力学原理

勺功操作涉及物体运动的力学关系，因此需对原料在勺内的运动从力学原理上加以分析，更好地理解并掌握勺功的技术要领。

（1）动力：源于人体的生物能，通过人的手和勺的把柄作用于勺（锅）和其中的物体，使之发生各种运动。

（2）摩擦力：勺中物体与勺壁之间产生相互作用力，是人通过手臂的运动带动勺中物体朝一定方向、按一定速度运动的条件之一。

（3）向心力：勺中原料获得一定的动力之后，按惯性沿勺（锅）壁以抛物线的轨迹运动的一个分力。

此外还有重力等力也发生作用。

在勺中物料运动过程中，如果在某个方向的力突然加大，物料会朝着这个方向发生移动（扬颠），当这个力大到一定程度时，物料会顺着运动的方向，沿勺（锅）壁抛物线角度抛（扬）起而脱离勺（锅）的摩擦力的作用，若手和勺停止运动，动力消失，物体会洒落出勺（锅）外面，如果这时手和勺按照物料被抛起的轨迹去迎接物料，它就又会落入勺（锅）中。这就是我们在操作中常见到的物料洒落与不洒落在勺外的原因。

如果在物料回落勺（锅）中时，手和勺迅速迎接（举），这时，上迎的力与物料回落时的重力相作用，产生反弹力，会使物料溅洒出勺外。

如果物料在即将被抛出勺（锅）沿，沿勺（锅）壁的抛物线角度作惯性运动时，我们及时撤回送出去的力，同时自其相反方向施加一个拉回来的力，物料在向心力和拉回来的力的合力作用下，会迅速回落到勺（锅）之中，回落的物料会底面向上。这就是我们经常在勺功操作中看见的物料翻了身折回勺（锅）中的原因。

勺功中的“倒”是物料的重力与勺（锅）的摩擦力相互作用时，重力克服了摩擦阻力而产生运动的结果。

以上就是在勺功中推、拉、送、扬、晃、举、颠、翻时各种力的相互作用的情形。

5. 操作姿势

（1）面对炉灶，上身自然挺起，双脚与肩同宽站稳，身体与炉灶保持 10 cm 左右的距离，左手掌心朝上，五指并拢握住炒勺把柄。

（2）双耳炒锅握法是先将一块手布放于左手掌中，防止操作时烫手，左手拇指与其余四指夹住锅沿背，拇指勾住锅耳。

（3）晃勺是将炒勺作顺（逆）时针方向的晃动，使勺内原料旋转，可防止原料粘锅底或焦煳，并保证翻勺的顺利进行。

6. 翻勺分解动作

翻勺又称颠勺、颠锅，通过拉、送、扬、接等动作，使勺内的原料进行翻转运动，用于汤汁较少的熘、炒类菜肴。

（1）拉。先将原料通过晃勺使其松动移位，然后左臂向后小幅度回收，将锅拉向身体。

（2）送。小臂收拢到位后，迅速向下推动，使原料与锅同时运动。

（3）翻。送锅同时，运用腕力将锅上扬后带，原料由于惯性的作用前行受阻便向上扬起，此时向后带动，便翻转原料。

（4）接。原料翻转下落时，锅送至灶口顺势接住原料。

7. 翻勺的几种方法

（1）前（后）翻勺，是最常用的勺功技术。方法为左手握住勺把（锅身），稍向前倾斜（前低后高），原料要集中。手臂用力向前推出，待料滑动到前勺（锅）沿时，迅速向后一挑，料即回落勺（锅）中，形成前—上—后—下—前的一个运行循环。如原料离勺壁上下颠动，从前不断向后翻转，此为小翻勺（锅）。后翻勺的用力方向与前翻勺正好相反，动作要领相同，后翻适合于带汤汁的菜肴翻勺用。

（2）左（右）翻勺。方法是左手握住勺把（锅耳），稍向右倾斜，左高右低，原料要集中。手臂用力右摆（推），待料滑动到右勺（锅）沿时，迅速向左一挑一摆（拉）一接，料即翻落勺（锅）中，形成右—上—左—下—右的一个运行循环。如原料略离勺壁右，左颠动，从右不断向左翻转，此为左小翻。右翻的用力方向与左翻正好相反，适合于带汁的菜肴制作。

（3）大翻勺。原料在勺内作180°翻转，先顺时针方向晃动炒勺，使原料转动起来，接着顺势一挑一拉，让原料从勺的正前方脱出炒勺的瞬间借着大幅度的回拉力，使离勺的原料向中间翻转，这时要根据原料下落的速度和位置，将原料接入炒勺（原料必须翻成底朝天）。操作时应注意：炒勺要光滑不涩，须先润勺；勾芡要适当，太稠翻不动，太稀料与汤分离形不成一个整体，汤汁四溅，影响翻勺质量，又会出现烫伤事故；晃勺时可酌情在勺边淋少许油，以增加润滑度；回拉时力度要适当，拉动的幅度要大些；接迎回落物料时位置、速度要恰当。

8. 手勺与炒勺（锅）的配合

手勺握法与使用：左手端炒勺，右手执手勺推、转、拨、拌原料或装盘，便是一个手勺与炒勺配合的过程。

（1）手勺的握法是右手食指压住勺杆，拇指、中指等握住勺把，用腕力挥动。

（2）基本的翻转配合是从勺（锅）的左边将料拉带回勺（锅）的中后部位，再由中后部用勺背将料推送至中前部，再用勺口将料从中前部拉带回中部，这样即完成一个配合过程。

（3）手勺与炒勺的多种配合形式。

①前翻勺时，原料落入锅底的瞬间，利用手勺背部由后向前推料，如此反复，达到均匀、不粘锅、不煳锅的目的，适于拔丝、炒等技法。

②原料下锅后，用手勺翻转数次炒散，然后用翻勺炒制，适于炒、爆、熘等技法。

③勾入芡汁后及时用手勺推转原料，使芡汁均匀，同时翻勺（锅），使料不粘锅。

④炒勺晃动时与手勺配合，沿顺（逆）时针方向顺勺（锅）沿推拨原料，以增强旋转力度和调整力度的平衡，不使料巴锅，又不至于将料弄破碎。

⑤菜肴出勺（锅）时，用手勺配合，或舀，或拖拉、拖带、拨等。

（4）实践操作：翻勺（锅）训练。

①原料：粗粒沙子1500g。

②操作过程及步骤：将沙子放入炒勺，然后按翻勺技术要领进行操作。

第三节　火候的掌握

烹调菜肴时，根据原料的性质、加工的形状、烹调方法、菜肴的质量要求及人们饮食习惯来确定使用的火力和时间称为掌握火候。简单地讲，火候就是烹制菜肴时使用的火力的大小和时间的长短。

一、鉴别火力

火力的大小、温度的高低与炉灶（燃料）的构造有直接的关系。现在使用的炉灶和（燃料）已有很大的不同，本节所介绍的是传统的鉴别方法供学习参考，如表 4-1 所示。

表 4-1　火力的鉴别

火力名称	火力情况	勺内的变化	用途
旺火	火焰高而稳定，黄白色，热气逼人且明亮，火焰将锅底全部包围	原料在勺内急剧变化必须迅速翻锅，原料入锅后有爆响声，汤汁入锅即沸	旺火速成的炒、爆、烹、焦熘等烹调方法
中火	火焰低，红黄色，热度较强，火焰集中在勺底	原料入锅后变化明显，有一定的爆响声，汤汁入锅后由锅边向内沸滚	需要入味和内外成熟一致的菜肴，采用中火加热的炸、烧、熘等烹调方法
小火	火焰较小且摇晃，热度较弱，火焰不能直接接触勺底	原料入锅后与锅底接触部位受热，变化不十分明显，汤汁需一段时间才能沸腾	菜肴酥软、入味，扒、炖、收汁的烹调方法
微火	火焰很小，热度较差	汤汁在加热时保持微开	较长时间加热的菜肴，成品软烂，焖、煨的烹调方法

二、掌握火候的方法

1. 根据原料的形态及颜色的变化

烹调原料多为热的不良导体，传热的速度一般较慢，体形较大的原料受热时，热从原料表面传至中心需要很长的时间，所以一般用较长时间的慢火烹制。一些加工成小形片、丝等原料受热后会卷曲或舒展，有的还会收缩，这些都是受热成熟的表现。

色泽的变化主要是原料的分子变化，淀粉受热发生焦糖反应，肉类血红色素转为灰白色，不同的原料有各自的变化，通过这些变化可以鉴别原料的成熟度。

2. 按原料加工后的形状

原料经刀工处理成各种规格和形状，厚大的原料较难成熟，需用中小火，加热时间要长一些；厚度小、体薄的原料易成熟，用旺火或中小火，加热时间要短一些。

3. 根据原料的质地决定投放次序

原料的质地是决定烹调火候的重要因素。在同一菜肴烹制中，根据原料的质地决定加热时间的长短。加热时间长的、质地老韧的原料；应先投料，加热时间短的、质地细嫩的原料应后投料。

4. 根据菜肴的风味特色掌握火候

我国地域广阔，人口众多，饮食习惯各不相同，对菜肴的要求也各不相同，因而形成具有不同特色的地方菜。各地方菜的口味有许多的差异，烹调方法也有所区别，必须按各地要求使用不同火候，才能烹制出具有不同特色的菜肴。鲜嫩为特色的菜肴，加热时间不能过长，而汁浓味厚特色的菜肴，则加热的时间较长。

由于食物原料种类繁多，刀工处理后的形态各异，加热方法多种多样，菜肴的要求各有不同，所以掌握火候是一项复杂而又细致的技术，除了根据一些参考知识外，更重要的是不断的实践，最终灵活自如的运用。

第五章　热菜的烹调与装盘

热菜的烹调方法是指把经过初步加工和切配后的半成品或原料，通过加热和调味，制成不同风味菜肴的制作工艺。

烹调方法是菜肴烹调工艺的核心，菜肴的色、香、味、形、质是通过各种烹调方法的运用而集中体现的。正确地掌握、熟练地运用烹调方法，对于保证菜肴的质量，增强风味特色，丰富品种花色，都具有极其重要的意义。

根据烹调制作方法和成熟方式的不同，将烹调方法分为以油为传热介质的油熟法、以水和蒸汽为传热介质的水熟法、以热辐射和固体传热的烹调方法，还有一些特殊的烹调方法。

第一节　炸、炒、熘、爆、烹、煎

一、炸

炸是将经过加工处理的原料放入大油量的热油锅中加热，使之成熟的烹调方法。炸是烹调方法中的一个重要技法，应用的范围很广，既是一种能单独成菜的烹调方法，又是能配合其他烹调方法的辅助手段，如与熘、烧、烹、蒸等共同成菜。

炸的技法以旺火、大油量、无汁为主要特点。油量多，无论体大、体小的原料都要将原料全部淹没，才能形成油炸菜肴的风味特色。所用的油温温差较大（120~240℃之间），同一锅油在炸制原料时变化幅度也会很大，要善于掌控油温，熟悉烹调方法、菜肴特点，运用起来才会得心应手。炸的火力有旺火、中火、小火之分，还有先旺火后小火或先小火后旺火之别。油的热度有旺油、热油、温油之分，还有先热后温或先温后热之别，有的还有冷油下锅。所以，具体炸制应根据菜肴的要求，既要考虑到原料的老嫩、熟软的程度，水分的含量和体积大小，又要善于用火调节油温，控制加热时间，掌握油炸的次数，还要观察原料油炸时的色泽变化，配以码味、挂糊等技术操作方法，才能炸制出风味不同的菜肴。

根据菜肴制作方法和质感风味的不同，炸主要分为清炸、干炸、软炸、酥炸、脆炸、包卷炸、吉利炸、松炸等几种。

(一) 清炸

清炸是将原料加工处理后，不经挂糊上浆，只用调味品码味腌制入味，直接放入油锅中用旺火加热，使之成熟的烹调方法。

特点：外清香焦脆、里鲜嫩，色泽金红或金黄。

适用原料：主要是动物性新鲜、质地细嫩的原料，如乳鸽、鸡翅、鸡胗、里脊肉、仔鸡、排骨。

清炸的操作要领如下。

(1) 加工原料。清炸的原料在刀工前要清洗干净。适合清炸的主要是改刀成花形和整形的原料，花形原料要求形体大小均匀，改刀的深浅一致；整形的原料要用竹签在原料肉厚处均匀地戳一遍，整只的鸡鸭要把大腿内侧贴骨割一刀，易于入味，炸制时易于成熟。

(2) 原料码味腌制。清炸的原料必须进行码味，腌制的时间应根据原料性质和形状的大小而定。码味一般都选用盐、绍酒、葱姜、花椒、桂皮等一些调味品。

(3) 清炸成菜。第一次初炸用旺火，五成至六成热的油温炸制原料定型成熟（整形原料因体型较大不易熟透，初炸时间要长一些)，复炸用六成至七成热的油温炸至外皮香脆捞出，装盘斩件带味碟。

清炸的操作流程如下：

选料加工→切配整理→码味腌制→入锅炸制→重油复炸→装盘带味碟成菜。

清炸应注意：

（1）清炸菜肴码味不宜过重，因为原料油炸时没有糊的保护水分蒸发较多，口味会变重，同时还要蘸椒盐等味碟食用，所以调味口要轻。不用或少用酱油以免原料油炸上色变黑，乳鸽、仔鸡等菜肴表面要挂脆皮水。

（2）清炸成菜后整形原料要迅速斩件装盘，及时上桌，保证菜肴质感达到食用效果。

（二）干炸

干炸是将原料经改刀处理后，用调味品腌制，然后拍干粉或挂水粉糊、全蛋糊，放入油锅中炸制的烹调方法。

特点：鲜香浓郁、外焦里嫩。

干炸的操作要领如下。

（1）加工原料。干炸菜肴一般要切制成块、片或制成米粒状的肉馅，要求大小一致。有些原料表面剞花刀使其更加入味，易于成熟。

（2）原料调味腌制。随着菜肴的创新，干炸菜肴所用的调味品在以往的葱、姜、绍酒、盐、酱油、胡椒粉的基础上有了很大的突破，加入了蔬菜汁、南乳汁、蒜汁、海鲜酱等。调制馅类时比例很重要，添加水量适度才能保证菜肴的软嫩。

（3）制糊拍粉。干炸菜肴挂糊一般用水粉糊和全蛋糊，浓度要适中，拍粉后停留时间不能太长，以免干粉结成壳与原料分离。调馅使用的湿淀粉要泡透，不能有粉粒，要搅拌均匀。

（4）用六成热油初炸定型，五成半热油炸透，重油用六成半热油，时间不能过长，原料要分散入锅，防止粘连。

干炸的操作流程如下。

选择原料→刀工切配→腌制码味→拍粉或挂糊→入锅炸

制→重油捞出→成菜。

干炸应注意：

（1）原料腌制码味要准确，肉类可以适当加水以提高原料嫩度。糊要干稀适度，糊干、厚，食用时口感不好；太稀入锅淋漓滴落，造成脱糊，原料干瘪。

（2）控制好油温、火力，高温入锅使糊快速凝固，保证制品形态。重油迅速，重油前要将锅中渣滓用筛网捞净，防止油渣高温炸糊黏附在菜肴上影响质量。

（三）软炸

软炸是将质嫩而形小的原料经码味后挂糊，放入五成热的油锅中炸至成熟的烹调方法。一般经过两次炸制，第一次用温油，炸制原料外面的糊凝固，色泽一致时出。第二次用高油温炸制成熟，达到菜肴要求的色泽口感。

特点：外酥香、内鲜嫩，色泽淡黄。

适用原料：主要是鲜嫩易熟的鸡肉、鱼肉、虾、里脊、口蘑等。

软炸的操作要领如下。

（1）原料加工。软炸的原料需要去骨去皮，除净筋膜，为了增加味的渗透和使其细嫩的质感，应在原料表面剞一定深度的花刀，然后按菜肴的要求改成小块、小条、薄片等规格。

（2）码味。软炸常用的调味品是精盐、胡椒粉、绍酒、味精、葱、姜、嫩肉粉，这些调味品既可以增加原料的鲜香味又可以除去异味，同时也不会影响菜肴的颜色。码味时基本达到成菜的口味标准，但也要考虑味碟的口味咸度。一般码味的时间为10~15分钟，可保证原料基本入味。

（3）挂糊。软炸的菜肴所挂的糊主要是蛋清糊。调糊时要考虑原料的含水量、软嫩度，掌握好糊的干稀程度，一般保持糊在入锅前不滴落为准。挂糊应略薄，保证成菜具有外酥香、内软嫩，不影响原料本身的鲜香味为好。

（4）炸制。第一次用中火，四至五成热油，原料分散入锅，炸制断生即可。第二次用旺火速炸，重油便走，菜肴达到浅黄色即可。

（5）迅速装盘。软炸菜肴成熟后迅速装盘，可配生菜带椒盐上桌。软炸使用的蛋清糊易回软，如果停留时间稍长，原料中的水汽外溢，糊便会软塌，影响菜肴口感及外观。

软炸的操作流程如下。

选择原料→刀工切配→码味→调糊→挂糊→初炸→重油→装盘成菜。

软炸应注意：

（1）选用新鲜无异味的原料，如鸡脯肉、无刺的鱼肉、鲜嫩的里脊。

（2）刀工要细致，剞刀深浅适度，一般切入原料的二分之一。可用刀背将原料轻轻砸松，既便于腌制时入味又可使原料易熟。

（3）码味使用的绍酒要掌握好用量，成菜后不能有酒味。各种调味品要拌匀，使调味品渗透均匀，防止调味不均。

（4）挂糊在油炸之前完成，不要太早，挂好后立即放入锅中炸制。

（5）第一次油炸时，根据原料在锅中成熟情况要及时捞出，软炸原料易成熟，不可炸制时间过久。第二次炸制时，油温要控制好不易太高，达到色泽、口感即可。

（四）酥炸

酥炸是将鲜嫩的原料或码味蒸制软熟的原料挂酥糊或拍一层干粉放入油锅中炸制成菜的烹调方法。

特点：外酥松、内软嫩、色泽金黄、香飘四溢。

适用原料：鱼虾、鸡鸭、猪肘、羊肉等。

酥炸的操作要领如下。

（1）原料的加工。原料的加工方法很多，家禽初加工后用背开的方法使其成为一个平面，将胸骨、腿骨斩断以防蒸不透和变形；虾仁要挑净虾线（虾肠）；鱼肉除净刺；畜肉剔净筋膜。

（2）鲜嫩的原料经过码味、蒸制的原料用调味品涂抹均匀，然后进行蒸制。

（3）鸡鸭、畜肉直接炸制不易炸透，而且达不到香酥的效果，要进行初步熟处理。鸡鸭一般进行蒸制，肉类可以煮制，无论蒸煮都要将原料调好底味，姜、葱、香料不可缺少，要将原料加工软熟。

（4）使用的糊以酥糊为主，一些原料可直接拍干粉炸制，根据菜肴的需要选择使用。熟制的原料挂糊前要拍一些干粉，既可以起到吸水的作用又可以使糊与原料接触的更紧密。

（5）第一次用五至六成的热油炸制，达到挥发水汽、炸透、初步上色的目的。第二次用六至七成热油重油，把渗入原料的油分逼出，使菜肴酥松发脆、色泽金黄。整形的菜肴酥炸后立即改刀，斩块装盘。

酥炸的操作流程如下。

原料加工→码味→熟处理→拍粉挂糊→油炸→重油→改刀→装盘成菜。

酥炸应注意：

（1）原料进行初步熟处理时要掌握好汤汁、火力、调味几个方面，控制好原料的成熟度，原料软熟但不能过于熟烂，以免油炸时破碎失去美观的形态。

（2）半生品油炸前，要擦干表面的水分和油脂，以免油炸时因原料所带的水分使油爆溅伤人。另外油脂和水分也会造成糊和粉粘不牢，油炸过程中容易与原料脱离。

（3）油炸的火力要先高后低最后高温，防止原料浸油。由于酥炸菜肴油脂较重，上桌时可以配一些生菜、嫩黄瓜条、面酱、番茄沙司等味碟。

（五）脆炸

脆炸是将加工切配好的原料挂上脆浆糊，放入中火热油锅内炸制呈金黄色成菜的烹调方法。

特点：表面光滑、脆而松化、象牙白色。

适用原料：鲜嫩的蟹钳、虾仁、生蚝、鱼肉和调好的馅料。

脆炸的操作要领如下。

（1）选择新鲜细嫩无骨的原料，切配成丝、片、条等小型规格，调制馅心比例恰当。

（2）脆皮糊的调制比例恰当。用脆皮糊炸制的菜肴其质量的优劣取决于糊的调制好坏。

（3）炸制油温一般控制在180~200℃，一次炸成。

脆炸的操作流程如下。

选料→加工切配（制馅料）→调糊→油炸→成菜。

脆炸应注意：

（1）脆皮糊的调制方法较多，但都要以成品皮脆饱满为准。掌握好糊的浓度，过干则不易蓬松鼓起，过稀则出现泻浆不起或入锅即碎的现象。原料炸制前拍一些干粉使其更易着糊。

（2）油炸的温度严格控制好，原料挂好糊入锅触底即膨胀上浮，炸制成熟立即捞出。

（3）捞取原料要轻，不可用漏勺颠翻，防止糊碎裂影响外观。

（4）味碟常用急汁、淮盐、炼乳、番茄沙司。

【菜例】脆炸蟹钳。

主料：速冻蟹钳八只。

调料：精盐2g，胡椒粉适量。

辅料：面粉40g，生粉20g，发酵粉5g，清水50g，色拉油1kg。

脆炸蟹钳的制作方法如下。

（1）将蟹钳自然解冻，用干净的毛巾吸干水分。

（2）用精盐、胡椒粉码味。

（3）调制脆皮糊。把面粉、生粉、发酵粉放入盆中拌匀后加入清水拌匀即可，倒入 10 g 色拉油调好，静置 5 分钟。

（4）净锅上火下油，中火烧热。油温达到六成热时端锅离火，枕在灶口，将蟹钳蘸少许干粉挂脆皮糊逐一下入，然后把锅重新上火，炸制酥脆捞出沥油。

（5）取出蟹钳围摆在盘中，带淮盐、急汁上桌。

特点：形态饱满、色微黄、皮脆肉鲜嫩。

（六）包卷炸

包卷炸是指将加工好的丝、条、片、泥茸、粒等形状的无骨原料与调味品拌匀后再用包卷皮料包裹或卷起来，入油锅炸制成菜的烹调方法。

特点：外酥香、内鲜嫩。

适用原料：鲜嫩的鱼虾、禽肉、猪肉、火腿、蘑菇、蔬菜等。

包卷炸的操作要领如下。

（1）原料加工以小型的条、片、丝、粒、泥茸为主，经拌和均匀调制好底味。有些原料还要经过熟处理，炒熟、炸熟再进行包卷。

（2）包卷的皮料分为两种：一种是可以食用的，如蛋皮、米纸、面皮、油皮、肉片等；另一种是不可食用的，如玻璃纸、荷叶、油纸等。

（3）包裹卷制。将加工调好味的原料放在裁剪好的皮料上抹平，然后包卷起来，用蛋清或面浆封口，再经过拍粉、拖蛋液、滚一层面包渣或挂糊后油炸。

（4）炸制。包卷炸油炸时有的先改刀，如传统的炸千肉、炸佛手等，有的炸好后再改刀。使用的油温不要太高，五至六成热即可，炸好后迅速改刀装盘。

包卷炸的操作流程如下。

选择原料→加工皮料→刀工制馅→包卷馅料→挂糊→油炸→改刀→装盘成菜。

包卷炸应注意：

（1）选择好原料。原料加工后被皮料包裹，气味不易散失，特殊气味不能去除，所以应该选择无异味的原料。原料被包卷成熟较慢，所以要选择鲜嫩易熟的原料。皮料以无特殊味道、易熟、有一定的韧性为好。

（2）为了保证馅料的鲜香，可在馅中酌加肥肉用以增香。

（3）使用中火炸制，油炸时见外皮酥脆即应起锅。炸好的菜肴可从中间切开，观察里面的馅料是否成熟。菜肴成熟立即上桌，否则菜肴会软塌。

【菜例】奇妙海鲜卷

主料：鲜虾仁 150 g，鲜贝 50g，蟹柳 100 g，冬菇 50g，西芹 50g，胡萝卜 30 g，冬笋 30g，香菜 25g，西式火腿 100 g。

调料：精盐 3g，味精 2g，胡椒粉适量，卡夫奇妙酱 2 g。

辅料：糯米纸一袋，鸡蛋液 100 g，干淀粉 40 g，面包渣一袋，色拉油 2 kg。

奇妙海鲜卷的制作方法如下。

（1）将虾仁、鲜贝洗净吸干水分，用少量蛋液、盐、淀粉码味上浆。

（2）把冬菇、冬笋、西芹、胡萝卜切成小菱形片另用。香菜切小段，西式火腿切小菱形片，蟹柳切小丁，三种原料放在一起备用。

（3）将虾仁、鲜贝用温油滑过，控净油晾凉，冬菇、冬笋、胡萝卜、西芹飞水过凉，用干净的毛巾洗净水分。

（4）将所有晾凉的原料放入盆中，加入火腿、香菜、蟹肉、精盐、胡椒粉、奇妙酱拌匀。取一块保鲜膜把砧板包上，将糯米纸放在上面。把馅料分成 12 份，分别用米纸包成扁长形，把蛋液与干粉调成稀糊，将海鲜卷在糊中拖过，裹一层面包渣。

（5）净锅上火倒入油，中火加热五成热投入海鲜卷，将其炸至色泽金黄，酥脆后捞起，控净油。

（6）把炸好的海鲜卷摆在盘中，带番茄沙司、淮盐上桌。

特点：外酥香、内鲜嫩、味香浓、色金黄，有西餐风味。

（七）松炸

松炸指用调好的蛋泡糊将新鲜的水果、甜馅或加工成条、片等形状的原料包裹住，用低油温炸制成熟的烹调方法。

特点：色白松软、饱满、口感绵软。

适用原料：新鲜细嫩的鱼虾、里脊、鸡肉等动物性原料和水果、泥茸状的甜馅。松炸的操作要领如下。

（1）加工原料。将新鲜细嫩的水果、鱼虾、肉类切成小型的丝、片、条状，泥茸馅搓成球形。

（2）调制蛋泡糊。选用新鲜的蛋清经高速抽打成泡沫状，加入一定比例的淀粉、面粉调制成蛋泡糊。

（3）油炸成菜。使用未使用过的色拉油或猪油炸制，中火将油加热，炸制时改用小火，重油时用中火。

松炸的操作流程如下。

加工原料→刀工处理→制糊→拍粉挂糊→油炸→成菜。

松炸应注意；

（1）选择新鲜无异味的原料，水果的水分不要太多，应去皮除核。

（2）刀工切配的形状不能过大，防止油炸不熟。

（3）火力严格控制好，始终用中、小火加热。

（4）原料要逐一下锅，糊未定形前不要用手勺翻动，可用手勺盛油轻轻浇在糊上，糊定形后用手勺轻轻翻身，让原料居于糊的中心位置，不要下沉到糊的底部，以免影响菜肴外观。

【菜例】雪棉豆沙

主料：豆沙馅200g，蛋清4个，面粉30g，淀粉75g，白糖100g，青红丝适量，色拉油2kg。

雪棉豆沙的制作方法如下。

（1）将豆沙馅搓成长条，按 10g 一个分成 20 份。把每个馅粘干粉，双手也粘少许干粉把豆沙馅搓成圆球，见图 5-1①。

（2）抽打蛋泡糊。蛋清放入白钢盆内，高速搅打，打好后按比例调好，见图 5-1②。

（3）净锅上火，中火加热至四成热改小火，用筷子夹住豆沙馅在糊中轻轻搅动，豆沙裹匀一层厚糊后逐一下入锅内。下入四五个时上火，用勺盛油浇在糊上，轻轻翻动，糊凝结变硬捞出，其余均按此法炸好后。中火将油温加热到五成半热，将炸好的豆沙重油，炸透捞出，见图 5-1③。

（4）将炸好的雪棉豆沙装盘，青红丝与白糖拌匀后撒在菜肴上即成，见图 5-1④。

特点：成菜形如棉花团，色白、饱满、甜香、绵软。

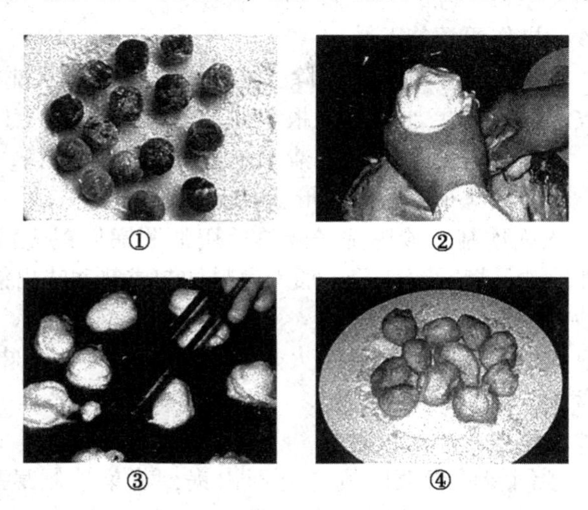

①　②　③　④

图 5-1　雪棉豆沙的制作方法

二、炒

炒是将切配好的丁、丝、片、条、粒等小型原料，用中油量或少油量以旺火快速烹制成熟的烹调方法。

根据制作方法和成菜的特点分为滑炒、生炒、熟炒、软炒、清炒、干煸。

（一） 生炒

生炒是将整理好的原料加工切配成丝、丁、片、条、段等形状，不经挂糊、上浆，直接下入锅中用旺火热油快速炒制成菜的烹调方法。

特点：清香脆嫩、汁薄入味、爽口不腻。

适用原料：一般选用新鲜脆嫩的青菜为主料，鲜嫩易熟的肉类为辅助原料，葱、姜、蒜为调味蔬菜。

生炒的操作要领如下。

（1）原料加工。新鲜蔬菜除去老叶、根须用清水洗净略泡，使其吸收水分变得更加脆嫩。根茎原料削净外皮，刀工切配成片、丝、条等均匀的规格，用清水泡洗去掉部分淀粉。肉类剔除筋膜，切配成薄小、易熟的形状。

（2）入锅炒制。炒锅洗净烧热后用油涮锅使锅光滑，旺火热锅添加凉油，爆香葱、姜，加入生料炒制成熟调味出锅。

生炒的操作流程如下。

原料加工→刀工切配→旺火热锅→下料炒制→调味出锅→成菜装盘。

生炒应注意：

（1）炒制绿叶青菜时刚熟立即出锅，蔬菜炒制最忌过火，会失去清脆鲜嫩的口感。掌握火候尤为重要，多一分过火、少一分生硬。

（2）辅助的肉类原料有两种入锅方式：一种是将肉类预先熟制（炒熟或滑熟），在主料热锅翻炒均匀后放入一起炒制成菜；另一种是将主料入锅炒制断生起锅，另起锅将肉类和调料炒出香味后放入主料一起翻炒均匀，出锅成菜。

（3）高温快炒，配合娴熟，勾芡适度。生炒的关键在于火候，因此炒制时火力的控制要以锅内原料的变化为依据。翻锅技术要娴熟，原料入锅立即用手勺打散颠翻，投放调味品准确把握时机和数量。勾芡要在菜肴即将成熟时进行，根据菜肴的数量和汤汁的量来勾芡，以芡薄粘味抓菜即可，不能出现粉芡打团、菜肴粘连的现象。

（二）熟炒

熟炒是指将经过初步熟处理的原料再经过切配后，直接用中火热油加调配料炒制成菜的烹调方法。

特点：酥香滋润、咸香浓郁。

适用原料：新鲜无异味的熟肉、香肠、腊肉、酱肉、拆骨肉等，用大葱、蒜苗、青椒、蒜薹等香辛浓郁、质地脆嫩的蔬菜作为辅助原料。

熟炒的操作要领如下。

（1）原料的初步熟处理。将原料洗净焯水后，放入水锅中用中火把原料煮至断生、刚熟或软熟的程度捞出晾凉备用，还有一些吊汤后的原料煮好后，将肉拆下做熟炒的原料使用。腊肉、腊肠一般采用蒸制的方法加热成熟。

（2）原料的刀工切配。将煮熟晾凉的原料切成厚薄均匀的片、粗丝、条等稍大的形状，辅助原料切成与主料相近的形状，姜、葱、蒜一般切成片、滚刀块。

（3）中火加热，将原料炒吐油再下入辅料、调料煸炒出香味。

熟炒的操作流程如下。

选料→熟处理→切配→中火煸炒→调味烹炒→成菜装盘。

熟炒应注意：

（1）熟炒最好选用新鲜质嫩、肥瘦比例适当的臀尖肉、上脑、上五花肉、肥嫩的鸡鸭。配合的青菜选用新鲜，有一定香气、出水少的原料。

(2) 要根据原料的品种、性质来决定熟处理的成熟度，如牛羊肉要煮的软熟，肥瘦相间的猪肉煮至刚熟即可。

(3) 切制时形状稍大一些，因为熟炒的原料不上浆、不挂糊，所以原料受热会卷曲。

(4) 炒制时用中火加热，把原料中的水分、油脂炒出来才能使原料香气浓郁，同时加入酱料。只有用中火才能炒出香味，旺火容易把料炒煳。

(三) 滑炒

滑炒是将刀工处理的动物性原料加工成丝、片、丁、粒等小型形状或剞上花刀后改条块状，经码味上浆，用中油量滑油断生后，以旺火，中、小油量快速烹制，烹入对好的粉汁或调味勾芡炒制成菜的烹调技法。

特点：鲜嫩爽滑、紧汁亮油。

适用原料：主要是鲜嫩的动物性原料，如里脊、鱼肉、虾仁、鸡肉等。

滑炒的操作要领如下。

(1) 刀工切配。为了保证菜肴鲜嫩的特点，原料一般要加工成粗细一致、厚薄相同的丝、片。

(2) 码味上浆。使用绍酒、精盐、味精、胡椒粉将原料腌制，采用蛋清浆给原料上浆，以原料的质地来确定浆的干稀厚薄。本身含水量较多的原料可用干粉上浆。

(3) 滑油对汁。按照学习过的滑油内容进行操作，中油量、低油温滑油，原料滑熟立即倒出控净油。为了节约时间加快烹调速度，可以在滑油前将调味品与湿淀粉、鲜汤调和在一起对成碗汁。

(4) 炒制。中等火力、小油量将葱、姜爆香后把配料炒好，立即投入主料，炒匀调味勾薄芡或烹入事先调好的芡汁，淋明油起锅装盘。

滑炒的操作流程如下。

选料→刀工切配→码味上浆（对汁）→滑油→炒制烹入味汁（调味）→成菜。

滑炒应注意：

（1）根据菜肴要求选用合适的原料，刀工切配规格相同，保证菜肴成熟一致。配料的形状与主料相同，丝配丝、片配片协调一致。

（2）码味上浆时动作要轻，防止用力过大将原料抓碎。上浆后要静置一段时间使原料与浆充分融合，保证滑油时不脱浆。

（3）滑油时油温、火力要控制好，过高会使原料粘连，过低会使原料脱浆。

（4）炒制时动作迅速，调味准确。勾芡和调制碗汁时，淀粉的用量要考虑原料经上浆后已经产生黏性，不宜用太多，芡汁能均匀裹住原料即可。

（四）干煸

干煸又称干炒，是指将切配成粗丝或条、段的原料，用中小火、少油量连续不断的翻炒，炒出原料的水分再调味，使之艮韧干香的烹调方法。

特点：麻、辣、干、香、韧的口感和金红的色泽。

适用原料：适合干煸的原料要有一定的韧性，如牛肉、鱿鱼、猪肉等，辅料应选用香气浓郁、质感脆嫩的植物性原料，如芹菜、香菜、青椒、蒜薹、圆葱、蒜苗等。

干煸的操作要领如下。

（1）一般将原料刀工切配成粗丝、条、段和自然形态，丝条规格应略长一些，因为干煸时原料水分蒸发会收缩。芹菜多用于配料的使用，要选用鲜嫩的内芯并用刀拍松再切。

（2）腌制拉油。把主料用绍酒、生抽、香料腌制一段时间使其入味着色。原料腌好后锅内加宽油烧至五成热，把主料下入滑成蔫软的状态，这样既能缩短煸制时间又能保持原料色泽和干香滋润的质感。

(3) 用中火温油，放入滑好的原料，反复煸制至油清光亮、原料干香，放入调辅料炒出香味，淋香油（红油）出锅。

干煸的操作流程如下。

选料→切配→腌制码味→拉油煸制→炒制成菜→装盘。

干煸应注意：

(1) 选用细嫩无筋的瘦肉，干煸成菜后酥软化渣。刀工切配规格一致，受热均匀成菜后有良好的口感。

(2) 掌握好油温、煸制的火力。火力旺，原料内部水分来不及蒸发，会出现外焦内不透的现象；火力小，原料水分不能大量的蒸发会朝而不酥。要求干香滋润、微有良韧的口感。

(3) 干煸时要防止原料粘锅焦煳，调味适度，多味并重。

三、熘

熘是将切配后的小型原料或整条原料经码味后选用滑油、油炸、蒸、煎、煮等不同的熟处理方法加热成熟，再浇淋芡汁或投入到调好的芡汁中翻拌均匀成菜的烹调方法。

熘制菜肴一般都要经过以下几个步骤来完成。

第一步是熟处理，熘制的菜肴都要经过油炸、滑油、蒸、煮等方法的熟处理，成为滑嫩或焦脆等不同质感的半成品。

第二步是调制熘汁，就是调制较浓稠的味汁。一般有两种：一种是勺内调制，称为卧汁，就是把菜肴所用的调味品、汤汁烹入勺内调好口味勾芡而成；另一种是把调味品与汤汁、水淀粉放入碗内调好，也称对汁。

第三步是熘制菜肴：一种是将熟处理的原料投入卧汁中颠翻均匀或将勺中的汁浇淋在装入盘内的菜肴上；另一种是把熟处理的原料投入锅中，随后把对好的粉汁泼淋锅中，颠翻均匀出锅装盘的方法。

熘制方法的分类有焦熘、滑熘、软熘。

(一) 焦熘

焦熘又称脆熘、炸熘，是将经过挂糊的原料用热油炸制外焦里嫩，然后投入调好的卤汁中翻拌均匀或装盘把卤汁浇淋在上面成菜的烹调方法。

特点：外焦脆、内鲜嫩，卤汁稠浓色味俱佳。

适用原料：鲜嫩的肉类、蔬菜、水产品均可，如精猪肉、鱼虾、鸡鸭肉、茄子等。

焦熘的操作要领如下。

(1) 原料一般切成片、块、段或剞花刀，最常用的形态是滚刀块、厚片、菱形块。切好的原料要经过码味腌制，原料经挂糊后调味汁无法渗入到原料的内部，所以焦熘的菜肴一般都要腌制，码味以咸味为主，口味要占总量的三分之一左右，调味品主要是盐、绍酒、姜、葱、胡椒粉。

(2) 调糊、挂糊。焦熘的菜肴一般使用水粉糊，水粉糊成熟后具有焦脆的口感，能体现焦熘的特点。另外也可以拍干粉或使用蛋清糊、全蛋糊，这要根据菜肴的要求来进行选择。

(3) 过油炸制。油炸是焦熘的重点操作部分，油炸时采用热油炸透，重油出质感和色泽，所以要取得外焦里嫩的口感，油量、油温、火候的控制尤为重要。

(4) 熘制菜肴的口味一般有咸鲜、糖醋、荔枝、鱼香几种，使用的调味品都是较常用的，关键是各种调味品和汤汁、淀粉的比例较难掌握。根据菜肴的不同特点，勺内熘制的菜肴要求明油亮芡，卤汁紧包住原料。浇汁的菜肴要求采用二流芡，就是菜肴上挂有部分芡汁，盘中也有一定的芡汁衬托主料，菜肴给人的感觉较润滑光亮。

焦熘的操作程序如下。

原料初加工→切配→码味腌制调糊→油炸→重油→熘制→成菜。

焦熘应注意：

（1）原料切配时要规格一致，以免造成成熟不均。形状不能太大，否则外焦内生；如果太薄小也会造成原料干瘪焦煳。

（2）糊要将原料全部包裹起来，糊的干稀度以挂匀原料表面，缓缓下流不滴落、不成块为好。水粉糊使用时要不断搅拌，因为淀粉不溶于水容易沉淀，同时通过搅拌也能使粉粒与水更好地融合。不要将过多的原料埋入糊内，这样做并不能使糊挂得更匀反而会在拿取原料时将原料拉断。如果原料拍干粉，一定要稍做停留让原料表面的水分与粉粘裹得更牢一些，下锅前要将未粘牢的粉抖掉，以免掉落锅内污染油脂。

（3）油炸时，初炸用六成热的油，原料定形火力调小，原料成熟捞出，七成热重油动作要快。

（4）调制卤汁时掌握好调味品、汤汁、湿淀粉三者的比例，一般焦熘菜以调好的卤汁均匀挂在原料表面后略有余汁即可；浇汁的菜，卤汁浇淋在菜肴上缓慢向下流动，最后部分留在原料表面即好。

（5）不论浇汁还是粘裹芡汁，操作时一定要迅速，原料油炸后要在最短的时间内完成熘制，及时上菜才能保证菜肴外香脆、内鲜嫩的特点。

【菜例】焦熘肉段

主料：猪精肉300g。

调料：精盐2g，绍酒10g，生抽8g，老抽2g，白醋5g，葱、姜、蒜适量，鲜汤30g。

辅料：青椒30g，湿淀粉10g，淀粉100g，清水100g，色拉油2kg。

焦熘肉段的制作方法如下。

（1）将精肉改刀切成长4cm、宽2.5cm、厚1.5cm的段，用3g绍酒、2g盐码味腌制10分钟。青椒去籽、筋，切成菱形块，葱花、姜片、蒜片切好。

（2）将调味品、鲜汤、湿淀粉调成碗汁备用，调制水粉糊。

（3）净锅上火添油烧至六成热，将肉段取出一半放入糊中拌匀逐一下入锅中，肉段外皮变硬并浮起时，用漏勺捞起颠翻，将粘连的肉段打开置于油桶上，把另一部分肉段下入，炸制浮起捞出。油温升至七成热，肉段重油捞出。

（4）锅内留少许底油，青椒、葱、姜、蒜爆香后下入肉段翻锅，迅速将碗汁搅散泼入锅内，颠翻均匀，淋明油出锅装盘。

特点：外酥里嫩、明油亮芡、咸鲜味美。

（二）滑熘

滑熘又称鲜熘，是指将切配成形的原料经码味、上浆后，用油滑熟，烹入调好的芡汁成菜的烹调方法。

特点：清淡味鲜、滑嫩。

适用原料：滑熘一般选用细嫩的鸡肉、鱼肉、里脊等。

滑熘的操作要领如下。

（1）原料切配成片、条、丝状，用蛋清上浆。选用色泽鲜艳、嫩脆的辅料，如冬菇、冬笋、菜心、木耳、彩椒等。

（2）码味以盐为主，上浆不易过厚，浆液薄薄地黏附在原料表面，拌上少许色拉油，既能使原料更嫩又能使原料易于滑散。

（3）滑油熘制时使用中等火力，一般采用卧汁熘的方法，也可以用原料入锅调好口味再勾芡成菜的方法。

滑熘的操作流程如下。

刀工切配→码味上浆→滑油→调制卤汁→熘制→成菜装盘。

滑熘应注意：

（1）滑熘菜肴鲜嫩软滑，所以一定要选用鲜嫩的原料并剔除筋膜。码味时可以适量加入嫩肉粉来增加原料的嫩度，上浆要薄，码味要轻。

（2）滑油时，原料入锅后用手勺轻轻推动，防止将原料搅碎，油温以四成热为宜。滑好的原料不要用漏勺捞起，应该将原料与油一起倒入漏勺中沥油。

（3）滑熘菜肴的鲜汤用量略多，芡汁略少，这样成菜才能滑嫩滋润。菜肴一般为白色或原料本色，所以很少使用酱油等有色调味品。

四、爆

爆又称油爆，是将质地脆嫩的动物性原料经刀工切配成丁、片或剞上花刀，用旺火热油过油处理后，快速下入锅中烹入对好的芡汁，用旺火爆炒的烹调方法。

特点：紧汁包芡、汁明油亮、脆嫩鲜香、形色美观。

适用原料：适宜爆制的原料多为具有韧脆的动物性原料，如鱿鱼、猪腰、鸡鸭胗、肚仁、精肉、海螺等。

爆的烹调方法可以分为油爆、葱爆、酱爆、芫爆、汤爆，最常用的方法是油爆和葱爆，这里主要介绍油爆的操作方法。

爆的操作要领如下。

（1）选择的原料要新鲜质嫩而且具有一定的脆性，初加工要干净。适合油爆的原料很多带有一些异味，所以加工时可以用醋、盐、酒、淀粉反复的清洗几遍。

（2）改刀成形时一般要剞花刀，切制时刀的间距和深度要均匀，做到深而不透、疏密有序，才能成形美观、成熟一致。

（3）爆菜要预先调制碗汁。爆菜的烹调时间非常短，不允许逐次加入调味品，所以要将所用的调味品与湿淀粉调匀。要掌握碗汁的量，成菜后芡汁要全部包裹住原料。

（4）上浆过油。一般原料都要上浆，其目的就是保证原料的水分和制品的口感，要薄、干，这样既不影响原料的成形也不影响原料的口感。过油的油温要高，达到六七成热，原料才能迅速翻花成形。

（5）旺火爆制。原料熟处理后迅速投入锅内爆制，烹入味汁翻匀淋油成菜。

爆的操作流程如下。

选料→改刀→码味→上浆→调制芡汁→熟处理→爆制→成菜。

爆应注意：

（1）原料改刀要薄小，改花刀技术娴熟才能保证原料成熟一致、美观大方。

（2）火力旺，速度快。做到过油、控油、炝锅、爆制、烹汁、翻锅、起锅、装盘动作迅速，一气呵成。

（3）爆菜的基本标准是油包芡、芡包浆、浆包料、脆嫩鲜香、爽口不腻、汁明油亮，食后盘内没有余汁只有少许的油。

五、烹

烹是指将新鲜质嫩的原料切成条、片、块等形后，挂糊或拍粉用旺火热油炸至金黄色、外酥里嫩捞出，倒入热锅中烹入对好的味汁，颠翻成菜的方法。

特点：外酥香、里鲜嫩，由于不勾芡所以菜肴爽口不腻。

适用原料：新鲜易熟的大虾、里脊、鱼肉、茄子等。

烹的操作要领如下。

（1）原料一般切成条、块、片及自然形态，为了使原料易熟，加工的形态不易过大。

（2）原料经过码味腌制使其入味，挂糊、拍粉（以淀粉为主）才能保证菜肴酥脆的口感。

（3）调制的味汁不加入淀粉，口感清爽。口味以咸鲜、糖醋、荔枝为主，为了使菜肴吃起来爽口，醋、蒜的比例可以略大一些。

（4）“逢烹必炸”，油炸时温度要高，以干炸的方法来操作。由于没有淀粉勾芡，原料吸收汤汁中的水分会使原料变得软塌影响口感，所以烹制时动作要迅速、汤汁要少、火力要旺。

烹的操作程序如下。

选料→切配→码味→挂糊或拍粉→调制味汁→油炸→烹制→成菜装盘。

烹应注意：

（1）原料挂糊不易太厚，否则影响酥脆的口感，但也不能太薄，太薄也会造成外皮软塌，口感绵软。

（2）调味汁的数量不能太多，以烹制后多数挂在原料表面、勺内有少量的余汁或基本烹干。

（3）成菜迅速，及时上桌。

六、煎

煎是指将加工成泥、粒或扁平状的原料腌制好后，经拍干粉或挂糊后用中小火、少油量将两面煎至金黄并成熟的烹调方法。

特点：色泽金黄、外酥内嫩，既有炸的特点又比炸更香嫩，而且比炸省油。

适用原料：鲜嫩的鸡鸭、鱼虾、牛羊猪肉、鸡蛋、海鲜等。

煎的操作要领如下。

（1）选料切配。选用新鲜无异味、质地细嫩的原料，配成薄小或整形剞上花刀。

（2）码味、拍粉、挂糊。切制好的原料用绍酒、盐、味精、葱、姜、胡椒粉、花椒粉等码味腌制，腌好后拍干粉或挂全蛋糊。

（3）煎制。先将油锅洗净烧干用油滑过，放入适量油烧至五成热，将原料有顺序地排列在锅内（或将原料拖糊逐一放入锅内），用小火两面煎至金黄、酥脆后沥油出锅，带味汁上桌。

煎的操作流程如下。

选料→刀工切配→码味腌制→拍粉挂糊→煎制→成菜。

煎应注意：

煎制时用中火温油，原料入锅煎制定形后要不断转动锅，使其受热一致，成熟均匀。一面煎好后再煎另一面。煎制方法又是一种常用的初步熟处理方法，可与烧、蒸、焖、烹、熘等烹调方法相结合，操作时根据要求灵活掌握。

【菜例】柠汁软煎鸡

主料：嫩鸡一只750g。

调料：精盐15g，黄酒10g，胡椒粉2g，色拉油100g，西柠汁100g（制作方法调味中有介绍）。

辅料：生粉50g，生菜适量。

柠汁软煎鸡的制作方法如下。

（1）将鸡起肉去骨保留整件，用刀背轻捶一遍。用盐、酒、胡椒粉腌制30分钟。

（2）将鸡拍一层生粉，下入已烧热的油锅中用小火慢煎制，待两面金黄起锅改刀装盘。盘底、盘边铺生菜。

（3）另备西柠汁与鸡一同上桌。

特点：鸡肉外脆里嫩滑、色泽金黄、甜酸爽口。

第二节　烧、炖、蒸、煮、扒

一、烧

烧是将主料经切配加工和初步熟处理后加适量汤汁和调味品，先用旺水烧沸，然后改用中、小火烧透入味，再旺火收汁成菜的烹调方法。

按照成菜的加工方法和风味特点，一般分为红烧、白烧、干烧、葱烧、辣烧等几种，本节主要介绍红烧、葱烧的烹调方法。

（一）红烧

红烧是指主料经初步熟处理（煎、煸炒、油炸或焯水）后，用葱、姜炝锅，添加汤水及有色调料或糖色再放入原料，旺火烧沸，中、小火烧透入味，再以旺火勾芡或自然收浓汤汁的烹调方法。

特点：色泽红润、汁浓味厚、质地酥烂、明油亮芡。

红烧的操作要领如下。

（1）要选择耐加热的原料，原料一般是条、块、厚片等形状。

（2）红烧的原料基本上都要经过初步熟处理，主要是为了使原料上色、定形和去除一些异味，其方法是油炸、焯水、煎和水煮。

（3）烧制时以葱、姜先炝锅，然后加入以糖、酱油为主的调味品，添入的鲜汤以把原料烧透、成熟后剩余约一手勺左右的汤汁为好，如果剩余汤汁过多可以将原料盛出后旺火收浓。

（4）成菜后将剩余的汤汁调准口味和色泽勾芡，淋明油浇在菜肴上，如果原料的胶质较多或加入很多的糖可以不用勾芡使其自然收汁。

红烧的操作流程如下。

选择原料→刀工切配→熟处理→入锅烧制→中火烧透→旺火收汁→装盘成菜。

红烧应注意：

（1）半成品加工时掌握好成熟度，原料上色、定形即可。加工好后应尽快进行烧制，以免影响菜肴的色、香、味、形等方面。

（2）烧制菜肴的汤汁要一次加足，中途不要添汤，汤量以没过原料为好。同时，烧制时要防止原料煳锅，一些调味品如葱、姜、八角等使用后要及时拣出，如果能把汤汁过滤更好。

（3）收汁时准确把握好调味品的口味，不能因汤汁收浓后口味变得太咸，另外也不能将汤汁收得太干或烧焦，收汁和打明油同时进行，这样能达到汁浓油亮的效果。

【菜例】红烧鲤鱼

主料：鲜活鲤鱼一尾重约 1 kg。

调料：生抽 20g，老抽 3g，精盐 3g，绍酒 15g，糖 10g，醋 10g，味精 2g，八角 1 个，清汤 500g，色拉油 2kg，湿淀粉 20g，葱、姜、蒜适量。

红烧鲤鱼的制作方法如下。

（1）将鲤鱼击昏，刮净鳞、去鳃开膛取出内脏，鱼洗净。在鱼的身体两侧每隔 2cm 剞花刀，深度至鱼骨。姜片、葱段、蒜瓣切好。

（2）炒锅上火添油烧至七成热，将鱼表面的水分擦干后投入油锅炸至外皮变硬捞出。

（3）炒锅上火留底油 30g，下姜、葱、蒜爆香，将鱼入锅烹黄酒、醋、生抽，出香味后添汤烧开，用老抽调色，加入盐、糖、八角后，汤开打沫，改小火烧至入味。

（4）锅中汤汁剩五分之一时，拣出姜、葱、蒜、八角，将鱼盛起装盘，余汁加入味精勾芡、淋明油浇在鱼上即可。

成菜特点：色泽红润、香鲜味美、汁明油亮。

（二）葱烧

葱烧与红烧的方法比较接近，就是在烧制菜肴的过程中加入以大葱为主要的调味品，成菜后菜肴具有浓郁的葱香味道的烹调方法。

特点：软糯适口、葱香浓郁。

适用原料：海参、蹄筋、海螺等。

葱烧的操作要领如下。

（1）原料经过初步加工后，进行初步熟处理。因为适合葱烧的原料一般为水发好的干料，所以初步熟处理的方法一般采用焯水和拉油，目的是使原料预热和去除异味。

（2）油炸葱白，留取葱油。葱烧时一定要选用葱白，因为葱白受热后葱香味浓且色泽金黄，采用油炸的方法处理并将葱油保留备用。

（3）烧制。原料倒入炒好糖色的锅中，加入葱段、黄酒、酱油、鲜汤，烧透入味后勾芡、淋葱油即成。

葱烧应注意：

（1）葱烧菜肴一定要选用大葱来制作，才能体现出葱烧的特色。

（2）大葱用六成热的油温炸制，成金黄色即可捞出。油炸葱白时，油要保留在菜肴勾芡时作明油使用。

（3）烧制的时间不宜过长，以原料熟软入味即可起锅成菜。

二、炖

炖是将经过处理的大块或整形原料焯水或直接放入炖锅或砂锅内，加入足量汤汁及调味品，旺火烧沸用中小火长时间加热或者长时间蒸制，使原料酥烂入味的烹调方法。

特点：汤浓味醇、酥烂形整、原汁原味。

适用原料：炖制方法适用的原料非常广泛，除了要求口感脆嫩的青菜原料以外，一般原料都可以炖制，本节以两道最常用的实例菜肴来说明。

炖菜的操作要领如下。

（1）原料一般要经过焯水。动物性的原料有较多的血污、异味和黏液，经过焯水再清洗，就能保证菜肴汤鲜味浓。

（2）汤水要加足，中途不要加水，鲜嫩易熟的原料添汤以淹没原料为准。成菜后是半汤半菜的菜肴和不易熟烂的原料，如牛肉、猪肘、羊肉等，添加的汤要多，约占容器的五分之四。

（3）调味品一般使用葱白、拍松的姜块、八角、黄酒等，为使原料易于酥烂，盐在起锅前再放。

（4）炖制时先用旺火烧沸，改用中小火长时间炖制（隔水炖除外），使汤汁保持微沸状态。如果采用清炖的方法，就应使汤面保持似滚非滚的状态，减少汤汁对原料的撞击力，使得汤清而汁醇。

三、蒸

蒸是将刀工处理后的原料经腌渍后，入沸水笼屉加盖密封，用蒸汽加热成熟的烹调方法。

蒸按火力的大小分为旺火沸水蒸和中、小火沸水蒸两种；根据蒸时加辅料与否，一般分为清蒸和粉蒸两种。

（一）旺火沸水蒸

旺火沸水蒸指用猛火沸水强蒸汽将烹调原料加热成熟的方法，通常又分为旺火沸水速蒸和旺火沸水长时间蒸两种方法。

1. 旺火沸水速蒸

旺火沸水速蒸法常用于原料质地鲜嫩，只需蒸熟不要蒸酥的菜肴，一般蒸制时间均有严格的规定，一气呵成，断生即可。此法如果蒸制时间过长，则原料变得老韧或绵软，口感粗糙。

成品特点：肉质细腻、鲜嫩爽、口，如清蒸鱼、蒜茸北极贝等。

2. 旺火沸水长时间蒸

旺火沸水长时间蒸法适用于原料质地较老，形体相对较大，需要蒸制酥烂的菜肴。一般需蒸制 2 小时以上，以原料烂熟为度。

成品特点：酥烂软糯、形态完整，如梳子扣肉、荷叶粉蒸鸡等。

3. 旺火沸水蒸的操作关键

（1）蒸制前原料需经腌渍入味，因蒸的烹制方法是在密封状态下进行的，烹制时难以进行调味，必须先进行基本调味，基本调味主要使用精盐、黄酒、葱、姜等。

（2）火力要大，蒸汽要足，笼屉密封。无论是长时间蒸还是速蒸均依靠蒸汽的热能使原料成熟。

（3）使用蒸箱蒸制菜肴时，有特殊气味的菜肴要分开蒸制。

如果使用蒸笼蒸制菜肴，应注意三点：汤汁多的菜肴放在下面；汤汁色深的菜肴放在下面；易熟的菜肴放在上面，不易熟的放在下面。

（二）中、小火沸水蒸

中、小火沸水蒸是用中、小火沸水徐徐蒸制，将原料加热成熟的方法。适用一些质地细嫩，经过较精细加工，要求保持造型的花色菜肴。一般蒸制时火力不宜大，保持沸水蒸发状态，防止花色菜肴内部起孔洞，发生膨胀现象，影响菜肴原有的造型。

特点：色彩和谐、质地细嫩、保持原有造型。

四、煮

煮是将原料经过初步熟处理后放入多量的汤汁中，先用旺火烧沸，再用中、小火较长时间煮熟成菜的烹调方法。其应用较为广泛，既可独立用于制作菜肴，又可与其他的烹调方法配合使用，还可用于提取鲜汤。煮的烹调方法常用生料或经初步熟处理至熟、刀工处理成形的半成品原料。

特点：汤宽汁浓、汤菜合一、口味清香醇厚。

适用原料：鱼、肉、豆制品、蔬菜等。

煮的操作要领如下。

（1）煮菜要求原料新鲜，富含蛋白质，使原料中的呈味物质易于溶解于汤汁中，增其鲜味。

（2）汤煮原料多加工成较细小的形状，有些要剞上花刀或改块。

（3）对腥膻异味较重的原料，在煮汤前应采用焯水、油煎的初步熟处理技法，以去除原料中的不良气味，如牛、羊肉汤，鱼汤等。

五、扒

扒是将经过初步熟处理的原料整齐地码摆成形，放入炝好的锅内，加入鲜汤和调味品，中火烧沸、小火烧透入味，再用旺火或中火勾芡稠汁，淋油大翻锅，将菜肴整体翻转出锅装盘的烹调方法。扒是鲁菜、京菜、辽菜最为擅长的一种烹调方法，讲究勺功和火候。

特点：形整不乱、原料软烂、汤汁醇浓、丰满滑润、整齐美观。

适用原料：扒的菜肴原料多为熟料，高、中、低档的原料都可以扒制，高档的如鱼翅、海参、鲍鱼等；低档的如牛肉条、茄子、油菜、蘑菇等。

扒的操作要领如下。

（1）不同成熟度的原料要利用初步熟处理来协调，以使原料成熟一致。

（2）利用对锅晃动使菜肴旋转起来以便受热均匀，切忌用手勺翻动。原料入锅用中火，扒制时用小火，勾芡收汁时用中火。

（3）勾芡要在口味、颜色、汤汁找准后进行，勾芡时要将芡汁沿菜肴外侧徐徐淋入，淋芡的同时菜肴要转动才能着芡均匀，打好芡立即淋油，大翻勺成菜装盘。

（4）对于勺外扒的菜肴可以先将原料起锅装盘，再将原汁勾芡浇淋在原料上。

第三节　甜菜的制作

一、挂霜

挂霜又称翻沙，是指将经过油炸后的半成品粘裹一层由白糖熬制成的糖液经冷却而成的糖霜或粘上一层糖粉的烹调方法。

适用原料：主要有各种干果和淀粉含量较高的原料，如核桃仁、花生仁、芋头等，传统菜肴也用猪肥膘肉、鸡蛋等一些原料，水果中含水量较少的原料也可以挂霜。

特点：色泽洁白、甜香酥脆。

挂霜的操作要领如下。

(1) 选择新鲜程度较高，富有质感特色的原料。如果选用干果来制作菜肴一定要用洁净、干爽、无虫蛀、无霉味的原料。

(2) 初加工时一定要将原料的泥沙等杂质去除。有些原料(如核桃仁的外皮) 应用热水稍浸剥去，以便挂霜时糖液能充分地黏附在原料上。芋头、地瓜应将外皮去除，除去外皮的芋头、地瓜要尽快炸制挂霜，以免变色。

(3) 刀工切配的形态一般以菱形块、自然的形态为主，形状不要太大。

(4) 原料油炸时有挂糊炸和不挂糊炸两种。如果原料不挂糊炸最好油炸前焯水，可以使原料上色和更加酥香，如腰果。挂糊炸主要在原料表面挂全蛋糊或拍干粉，例如芋头、地瓜、花生仁等。所用的油温不能太高，五六成热的油采用中、小火长时间炸熟、炸脆。

(5) 挂霜时要将炒锅洗净，加入清水，放入白糖，中火加热烧化，用手勺搅动使其融化均匀并防止糖糊边，待糖液黏稠至大泡套小泡，用手勺粘一点能拉起极细很短的嫩糖丝时，将炸好的原料倒入锅中同时端锅离火，缓慢有节奏地连续翻动，糖浆冷却，部分返回结晶状态即成。另一种方法是将油炸好的原料粘上一些糖浆，然后在铺满砂糖的盘内滚蘸，形成表面糖霜的效果。

(6) 制好的挂霜菜肴可以稍凉上桌，其口感更好。

挂霜的操作流程如下。

选料→初加工→焯水油炸或挂糊油炸→熬制糖浆→入锅翻

沙→成菜装盘。

挂霜应注意：

（1）原料油炸后要将油分沥干，原料表面油太多不易挂浆，造成翻勺时糖浆脱落。

（2）熬炼糖浆时要精力集中，使用的火力不能太大，以中、小火为宜。糖浆融化后要不断搅炒糖液，防止边缘的糖液变色或焦煳。必须密切注意糖浆的变化，糖浆嫩则与原料黏附的就少且糖湿厚口感不好，糖浆稍一过火很容易变成黄色，影响色泽或没有糖霜。

（3）挂霜时，原料入锅后立即关火或端锅离火，翻动时均匀用力，当有结块不散时不要用手勺打散，最好用手分散，否则容易脱霜。

（4）挂霜除了单独成菜外还适用于怪味菜肴的制作，现在有些厨师开发了很多冷热菜的味型，也很有特色。

【菜例】翻沙芋头

主料：荔浦芋头一个。

调料：白糖 200g，干淀粉 200g，色拉油 2kg。

翻沙芋头的制作方法如下。

（1）将荔浦芋头削去外皮洗净，改刀成菱形块，用冷水冲洗一遍，然后放入盛有干淀粉的盆中反复滚动，芋头表面挂一层粉后放入漏勺把未粘住的粉抖掉，然后再淋一次水，放入盆中挂匀干粉备用，见图 5-2①。

（2）炒锅加入色拉油加热至五成半热，将芋头轻轻抖掉没有粘牢的粉后下入锅中，用手勺推动至芋头熟透浮起，色变微黄时捞出控油备用，见图 5-2②。

（3）炒锅洗净不能有任何杂质，加入清水 50g 烧沸，下入白糖烧化将浮沫打掉，见图 5-2 ③。

（4）用小火熬制白糖同时用手勺推搅，糖浆逐渐浓稠，由小泡变大泡，用手勺倒落时成片状，立即放入炸好的芋头离火颠翻，糖浆基本挂匀变成霜、装盘即可，见图 5-2④、⑤、⑥。

成菜特点：色泽洁白、酥脆香甜。

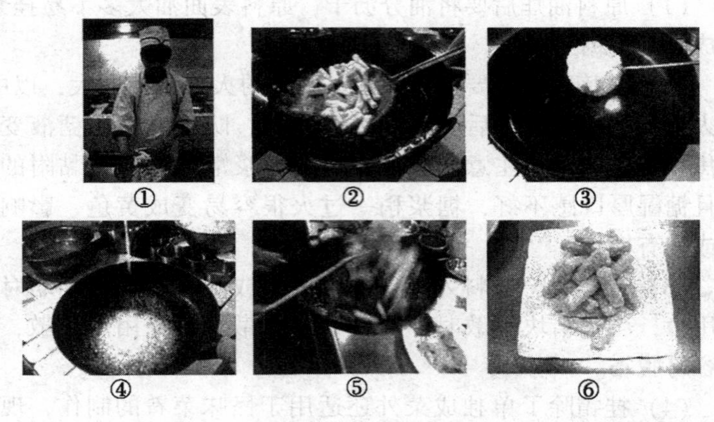

图 5-2　拔丝的方法

二、拔丝

拔丝是指将挂糊或不挂糊的原料经油炸后成为半成品，放入熬好的糖浆中颠翻均匀，趁热能拔出糖丝的烹调方法。

适用原料：拔丝菜肴的原料多选用淀粉含量较高的芋头、地瓜、山药、莲子等，新鲜的水果如香蕉、苹果、西瓜、菠萝等，还有以鸡蛋为原料制成的拔丝菜。

特点：明亮晶莹、外脆里嫩、口味甜香。

拔丝的操作要领如下。

（1）拔丝的菜肴一般选用新鲜、成熟、味美、富有质感的原料，水果加工时要去净外皮和核（籽）。适合拔丝的原料含淀粉较多容易氧化变色，所以初加工好后要尽快烹调。

（2）地瓜、芋头一些原料不需挂糊可以直接油炸。水果一般要挂糊，所挂的糊根据菜肴不同，有蛋清糊、全蛋糊、蛋泡糊等，一般不适用水粉糊，挂糊前要将原料拍粉。

（3）油炸时要开始用中火使原料和糊定形，然后用小火将原料炸熟，最后用中火炸出质感和色泽。由于糊的不同，使用的火候也不同，但是一定要炸出脆硬的质感，否则拔丝时容易造成原料碎裂。

（4）熬制糖浆的方法有三种：第一种是水浆，炒锅洗净后放入清水烧开，加入白糖溶化，不断的搅炒至糖浆成淡黄色时即可，一般用于要求色泽洁白、挂蛋泡糊的甜菜；第二种是油浆，炒锅洗净放少许的色拉油滑锅，将油倒出，放入白糖用中火炒制，待糖融合为米黄色时即可，主要用于要求成菜迅速的拔丝菜肴；第三种是混合浆，炒锅洗净后加入清水烧开，放入适量的油脂，将白糖用中火加热炒制成米黄色时即可，混合浆的效果最好，拔丝菜肴均可以采用。

（5）入炒勺翻炒时动作要轻缓、有节奏地进行，糖浆挂匀即可出勺，不要在勺内停留过久。

拔丝的操作流程如下。

选料初加工→刀工切配→挂糊油炸→熬制糖浆→入锅挂糖→成菜。

拔丝应注意：

（1）选择的原料要新鲜且应有一定的硬度，含水量高的原料加工要迅速，并在挂糊前要拍一层干粉。

（2）掌握好糊的浓稠度防止糊脱落，油炸时为了使菜肴形色、口感达到最佳效果，可以将炸制与熬糖浆同步进行。

（3）熬糖浆时要精确掌握糖浆的火候。白糖初入锅时糖浆较稠浓，逐渐融化变得稀薄，随着水分蒸发糖浆由稀变稠，此时糖浆浓稠色白并翻起较多的大泡，继续加热后糖浆由稠变稀，逐渐变成米黄色时即成。熬好的糖浆光滑如丝绸，舀起下倒时可呈现银丝并能闻到糖特有的甜香味。

（4）挂糖时原料的温度要略低于糖浆的温度。温度太高不易挂上糖浆，温度太低糖浆凝结也不易出丝。翻勺时动作要轻稳、有节奏地进行，晃勺与翻勺要很好地结合起来，同时翻勺不要太快，让糖浆缓慢流淌、均匀地将原料全部包裹起来。

（5）标准的拔丝菜肴成菜后，糖浆将原料全部包裹起来，勺内不余糖，盘中不堆糖，糖浆甜香，能拔起 50cm 以上的糖丝。

【菜例一】拔丝地瓜

主料：地瓜 400g，熟芝麻适量，青红丝适量，白糖 150g，色拉油 1kg。

拔丝地瓜的制作方法如下。

（1）将地瓜洗净后削去外皮改刀成规则的滚刀块。

（2）炒锅上火添油用中火加热，油温至五成半热将地瓜分散下入炸制，见图 5-3①。地瓜初入锅中时会有大量的水汽蒸腾，造成油锅中产生很多的气泡，只要将地瓜翻动起来气泡就会逐渐地减少，地瓜的外皮变硬时将火力变小，将内部炸熟捞起。油温升高将地瓜重油至色金黄、外皮脆硬捞出控油。

（3）炒锅洗净用中火加热，加入清水 50g 烧开，下入白糖溶化，见图 5-3②。

（4）沿锅边淋入色拉油 10g，同时不停地搅炒，见图 5-3③。

（5）糖浆慢慢地变成浅黄色，有浓郁的甜香味时将炸好的地瓜迅速倒入锅中，颠翻均匀让糖浆把原料全部包裹起来，见图 5-3④。

（6）把芝麻撒入然后盛装在抹过油的盘中，用青红丝点缀即可上桌，见图 5-3⑤。

成菜特点：金黄油亮、外香甜晶莹、内软糯，拔出的丝绵长不断，别具风味。

【菜例二】拔丝香蕉

主料：香蕉 200g，白糖 150g，色拉油 1kg，鸡蛋清 3 个，淀粉、面粉 75g。

图 5-3　拔丝香蕉的制作方法

拔丝香蕉的制作方法如下。

（1）选用刚熟的香蕉去皮，横切成 4cm 的段后再顺长切为四条粗细均匀的条。

（2）调制蛋泡糊。

（3）净锅上火烧至四成热后，将香蕉条拍一层干粉然后拖一层蛋泡糊入油锅炸熟，捞出沥油。

（4）炸香蕉的同时另取一只油锅用小火熬糖浆。炸好的香蕉控净油后投入锅中，轻轻翻匀（不要用力太大以免造成菜肴脱糊碎烂）装盘。

成菜特点：晶莹、香甜可口。

三、蜜汁

蜜汁是指将加工处理好的原料放入锅中加入白糖、蜂蜜、清水，中、小火熬制成熟，收汁成菜或将原料蒸熟后浇淋上糖汁成菜的烹调方法。

蜜汁的烹调方法可以分为两种：一种是将白糖、蜂蜜、清水、原料放入锅中用中、小火焖熟，原料软糯入味取出装盘，然后将糖汁浇淋在成菜上称为蜜焖；另一种是将原料蒸制软糯后盛在盘内，另取锅将白糖、蜂蜜、清水熬浓后浇淋在菜肴上的方法称为蜜蒸。

适用原料：水果一类的原料多用于蜜焖，山药、莲子、火腿、糯米、红枣等原料多用于蜜蒸。

蜜汁的操作要领如下。

（1）原料要经过细致的初加工，去除原料的外皮、籽及不能食用的部位。刀工切配的形态多为较方正的块或条，也可以切成圆柱体（墩状），加工好的原料要尽快烹调防止变色。

（2）蜜焖的原料一般经过油炸或焯水使原料定形，以免在焖制过程中碎烂。蜜蒸的原料一般经过焯水，其目的是除去异味和使原料定形，混合蜜蒸的菜肴（如蜜汁八宝饭）的一些原料要先熟制，然后进行码摆蒸制，成菜后成熟一致。

（3）将蜜汁收浓或调制蜜汁，浇淋在菜肴上，其浓度似熘菜的流芡。

蜜汁的操作流程如下。

选择原料→初加工→刀工整形→熟处理→焖制或蒸制→装盘→浇汁成菜。

蜜汁应注意：

（1）蜜焖和熬制汤汁时所用的锅必须干净，不能有油渣、勺垢以免污染菜肴。制作时的火候和成熟度一定要控制好，要做到软而不塌、糯而不碎。

（2）要掌握蜜汁的甜度，做到甜而不腻为好，既能表现出原料自身的香味又能在蜜汁的作用下变得甜香。

（3）有些蜜汁菜肴要添加猪油来增加原料香味，但是一定要掌握用量，否则适得其反。

【菜例一】蜜汁山药

主料：山药500g，白糖200g，蜂蜜50g，番茄沙司15g，色拉油1kg。

蜜汁山药的制作方法如下。

(1) 选用粗细均匀的山药为原料，将山药削皮后修成圆柱体，切成3.3cm的段。

(2) 炒锅上火加油，烧至六成热将山药下入油炸，山药表皮变硬即可捞出。

(3) 另取一只净锅，放入清水300g、白糖、番茄沙司烧开，放入山药小火煨制，山药熟透用小铲盛起装盘，将糖汁内加入蜂蜜熬浓浇在山药上成菜。

成菜特点：此菜经过改良，在蜜汁中加入番茄沙司增加了菜品的颜色，成菜后色泽微红油润光亮、香甜软糯。

【菜例二】蜜汁八宝饭

主料：糯米100g，豆沙馅30g，什锦果脯50g，白糖200g，猪油30g，蜂蜜15g，山楂糕20g，红枣10g。

蜜汁八宝饭的制作方法如下。

(1) 用温水将什锦果脯洗净后切成丁，山楂糕切成菱形长片，准备一只大碗。

(2) 将糯米淘洗净放入盆中加入清水，另将红枣洗净，剖开两半去核放入盘中与糯米一同放入蒸箱中，用旺火沸水蒸30分钟后取出。

(3) 蒸好的糯米趁热放入盆中，用筷子轻轻打散后拌入果脯丁、猪油20g、白糖50g。擦干大碗中的水分，猪油融化倒入碗内抹匀，然后将碗放入冰箱内冷却，使猪油凝结，10分钟后将碗取出，把切好的山楂片摆在碗内，把拌好的四分之三份糯米饭装入碗内，中间留一坑，放入豆沙馅，用剩余四分之一的糯米饭封面，轻轻压实，用保鲜膜将碗包好放入蒸箱中蒸30分钟取出。

(4) 将保鲜膜去掉后把糯米饭翻扣在盘中，用红枣围边。净锅上火加清水100g、白糖熬浓加入蜂蜜调匀，浇淋在八宝饭上即可。

成菜特点：形色美观、米饭软糯、甜香。

第四节　菜肴的装盘

热菜装盘就是将热制菜肴按一定要求运用不同的盛装方法装入盛器中。它是烹调技术操作过程的最后一道工序，是一项技术性较强的重要步骤，是烹调操作的基本功之一，也是烹调技术的最后体现。装盘后的菜肴直接上桌面对顾客。装盘得当，会起到锦上添花的作用；反之，则影响菜肴乃至整个宴席的质量。

一、装盘的基本要求

1. 注意清洁

菜肴经过烹调阶段已经起到杀菌消毒的作用，如果装盘时不注意清洁卫生，菜肴就有可能被油污或其他有害物质污染，导致卫生标准降低，从而影响菜肴的质量标准。装盘时应注意以下几个问题。

（1）菜肴必须装在经过杀菌消毒的盛具内，盛器内无积水，干净洁亮。

（2）切忌用手指直接接触菜肴。

（3）装盘时不能在菜肴上边用手勺敲打炒锅，锅底不能碰到盘子或接触到菜肴。

（4）不能用抹布擦拭已经消过毒的盛具。

（5）装摆花色菜肴时要用消毒后的工具盛装，不能用手直接抓取。

2. 菜肴要装得适度丰满，整齐美观，主料突出

菜肴盛装要主次分明，突出主料，这既是造型的需要，也

是体现菜肴价值的需要。应将主料装得醒目突出，不可被配料掩盖，配料在盘中应起到对主料的衬托作用。

（1）菜肴分装均匀，一次性完成。

有时一锅菜要分装若干盘，那么就应掌握好每盘菜数量，不能多少不均，盘里的主辅料也要分配均匀，并且要一次性完成，防止重复操作造成汤汁淋漓，影响菜品外观。

（2）装盘要熟练，动作要协调，干净利索，准确快速。

装盘的熟练程度影响着上菜速度，尤其是热菜，要保证菜品在出勺的第一时间呈现给顾客，才能体现出菜肴的特点，质量才有保证。

装盘时手勺和炒锅也要密切配合，只有依靠协调的动作才能较好地完成装盘，而协调的装盘动作，又依靠实践中的训练。

二、装盘的方法

菜肴的盛装要根据菜肴的特点，结合装盘的具体要求和原则，采取不同的装盘方法，以使菜肴达到设计的要求。

1. 堆摆法

堆摆法就是将烹制好的菜肴堆摆在盛器中。堆摆法适用于炸、煎、烤等一些无汁菜肴的装盘，以塔形和桥形为主。采用堆摆法装盘时应注意以下问题。

（1）将烹制好的菜肴置漏勺中，沥净余油。

（2）不可用手堆摆，防止污染食品。

（3）将形状色泽均佳的成品堆摆在上面。

（4）两种主料同装一盘时，相互界线要清晰。

2. 倒入法

倒入法是装盘的最基本方法，就是将烹制好的菜肴倒入盛器中的一种装盘方法，适合于烧、炒、熘、爆、拔丝等原料形状较小，芡汁不多的菜肴。装盘时，要先翻锅将菜肴集中在一起，然后将炒锅端至盛器的右上方，倾斜倒出菜肴，边倒边将炒锅向左移动，同时用手勺挡住菜肴的前端，防止倒偏，使菜肴盛装均匀。采用倒入法装盘应注意以下问题。

（1）菜肴倒入时正好装在盘的中心。

（2）在盘上方盛装菜肴时动作要轻，防止掉入锅灰。

（3）锅离盘子不要太高，手勺要起保护作用，以免影响菜肴的整体形状。

（4）菜肴倒入后呈馒头形，显得丰满、实惠。

3. 拖入法

拖入法就是在菜肴烹制好以后，将锅略掀一下顺势将手勺垫到菜肴的局部下面，再把锅向右倾斜，将菜肴以半倒半拖的方法移入盛器内的一种菜肴盛装方法。拖入法适合于扒、熘、煎等烹调技法，一般以整只、整形的菜肴制品为主，这些菜肴对造型要求严格。运用拖入法装盘应注意以下几个问题。

（1）动作要轻柔，防止破坏菜肴的形状。

（2）炒锅离盛器应近些，但不能弄脏盘子。

（3）如果是整只的大型原料，应先从头部开始入盘。

（4）锅中如尚留有余汁，应用手勺盛起浇在主料上面。

4. 盛入法

盛入法就是将烹制好的菜肴盛入器皿中的一种菜肴盛装方法。盛入法操作简单，是一种常用的装盘法，适合于烧、焖、炖等烹调技法，多用于不易散碎的小型原料菜肴的盛装。运用盛入法装盘应注意以下几个问题。

（1）手勺不要将菜肴原料戳破。

（2）主料要先盛小的、差的，后盛大的、好的，并将不同原料搭配均匀。

（3）如菜肴汤汁较多，要先盛干的主料，然后盛装汤汁。

5. *汤菜的盛装方法*

（1）汤菜的量一般应占盛具容积的80%左右。

（2）大型的原料应先将原料整齐的扣入或摆入碗中，用手勺覆盖住原料防止汤汁把原料冲散，然后将汤汁缓慢淋入，保持菜肴的完整性。一些用高级清汤烹制的高档菜肴，盛装时可将汤汁用纱布过滤再倒入，能使汤汁更加的清澈。

第六章 冷菜制作与装盘

第一节 冷菜调味汁

一、棒棒味汁

【配方】（配制 15 份菜）

芝麻酱 50g，生抽 100g，白醋 50g，精盐 20g，红油 30g，葱花 5g，味精 15g，小麻油 20g，花椒油 10g，白糖 10g。

【制法】

将以上调料入碗碟调匀即成，如口味过重可适当对入清水，调匀后淋入凉菜中或拌入肚丝、鸡丝中即成。

【配制说明】

棒棒味近似怪味，特点是芝麻酱味略浓，可拌鸡丝、肚丝、白肉等，口感香辣酸甜。

二、蒜泥味汁

【配方】（配制 30 份菜）

蒜泥 250g，精盐 50g，味精 50g，白糖 30g，料酒 50g，白胡椒 20g，色拉油 100g，小麻油 50g。

【制法】

将以上调料加入清汤或凉开水 750g 搅拌均匀，然后放入色拉油及小麻油拌匀即成。

【配制说明】

此配方汁可直接淋入装盘的鸡丝、肚丝、拌白肉等凉菜中，也可拌入原料然后装盘。蒜泥味汁一般多用于白煮类凉菜，所以，不用酱油，其口味特点是蒜香浓郁，咸鲜开味。

三、番茄汁味汁

【配方】（配制 20 份菜）

番茄酱 200g，白糖 300g，精盐 15g，白醋 50g，蒜泥 30g，姜末 10g，色拉油 200g。

【制法】

将色拉油入锅烧热后下蒜泥及番茄酱炒香，再加入清水 500g 及以上调料炒匀即成。

【配制说明】

此番茄汁可淋浇鱼丝、里脊丝等丝状凉菜中，如遇马蹄、鱼条、藕条则将原料炸制后再入锅中同茄汁炒入味，炒制时不能勾芡，要以茄汁自芡为主。味型酸甜、蒜香。

四、陈皮味汁

【配方】（配制 30 份菜）

陈皮 50g，碎干椒 20g，花椒末 15g，碎八角 15g，精盐 30g，白糖 15g，料酒 30g，姜片 15g，葱白 15g，红油 100g。

【制法】

将陈皮剁成碎末，与以上香料放入锅中略炸后加入清水 750g 烧开。将卤汁倒入容器并淋入红油，焖泡 30 分钟后去掉碎渣物即成。

【配制说明】

本味汁可直接拌入或淋入装盘的凉菜中。而陈皮牛肉、陈皮白肚丁等凉菜可直接在锅中收汁上味，但要注意炒出红油味。味型特点是麻辣鲜香，陈皮味浓。

五、鱼香味汁

【配方】（配制 15 份菜）

姜末 50g，葱白 50g，泡红椒末 50g、蒜泥 50g，精盐 15g，白糖 20g，香醋 30g，生抽 50g，味精 30g，红油 100g，小麻油 50g。

【制法】

将以上调料拌和均匀后再加入白煮的凉菜中，如熟鸡片、肚片、毛肚、白肉丝等。

【配制说明】

鱼香味型咸鲜、酸辣、回甜，并要重点突出姜葱味。

六、咸鲜味汁

【配方】（配制 20 份菜）

生抽 500g，味精 20g，姜末 30g，碎八角 15g，碎花椒 5g，料酒 50g，白糖 10g，色拉油 50g，小麻油 50g，葱白 30g。

【制法】

将以上调料加清汤或开水 250g 调拌均匀后浸泡 15 分钟即成。如用老抽只需 50g 左右，另要多加约 500g 水或汤汁对成。

【配制说明】

此味水多用于肉类、鸡鸭及腑脏卤制凉菜的调味，如果浇淋白肚、白鸡之类凉菜，即可用白酱油调制而成，亦称“白汁味”。

七、怪味味汁

【配方】（配制 30 份菜）

白酱油 300g，姜茸 30g，蒜茸 30g，花椒粉 10g，白糖 15g，香醋 75g，葱白 30g，芝麻酱 50g，味精 20g，十三香粉（或五香粉）10g，小麻油 75g，料酒 50g，红油 100g。

【制法】

将以上调料加开水 250g 调匀即成。此汁可直接浇淋凉拌菜也可拌制凉菜。

【配制说明】

此配方有去腥、解腻、提味的作用，多适用于鸡、鸭、野味类卤制品的调味。此味型可将原料在锅中收汁，如肚丁、鸭丁、口条丁、牛肉丁等。味型咸甜、麻辣、酸香兼备。

八、麻酱味汁

【配方】（配制 15 份菜）

芝麻酱 100g，精盐 15g，味精 15g，白糖 10g，蒜泥 15g，五香粉 5g，色拉油 50g，小麻油 50g。

【制法】

先将芝麻酱用色拉油调开，再将以上调料加入调匀即成。

【配制说明】

此配方常用于拌白肉、拌鸡丝、拌白肚、口条等腥味较小的动物性卤制品调味。味型特点是酱香、咸鲜。

九、椒麻味汁

【配方】（配制 15 份菜）

花椒 30g（去籽），小葱 150g，香醋 30g，白酱油 150g（如用盐可加少量凉开水将盐化开），味精 15g，小麻油 30g，色拉油 50g。

【制法】

将花椒斩成粉末，小葱切末后与花椒粉同斩成茸，然后加入以上调料拌匀即成。

【配制说明】

此味汁多用于动物性凉菜的拌制调味，其干炸制品的凉菜则用于味碟。味型特点是麻、香、咸鲜。

十、芥末味汁

【配方】（配制 15 份菜）

芥末粉 200g，精盐 30g，味精 15g，白醋 50g，料酒 50g，白糖 10g，小麻油 50g。

【制法】

将芥末用热水化开，再加入以上调料搅拌后直接淋入原料中。

【配制说明】

芥末味汁常用于拌白肉、鸡丝、肚丝等凉菜，并多在夏季使用。北方芥末常与芝麻酱配合调味，其味型特点是提神、解腻、开胃等。

十一、咖喱味汁

【配方】（配制 20 份菜）

咖喱粉 75g，精盐 30g，洋葱末 100g，味精 15g，料酒 30g，花生油 200g。

【制法】

用花生油将洋葱末略炸后再倒入咖喱粉及以上调料拌匀即成。

【配制说明】

牛肉、咖喱鸡丝等，也可将腌制的鱼块、鸡块炸熟后收汁，其味型特点是咸辣、鲜香、开胃。

十二、色拉味汁

【配方（一）】（配制 10 份菜）

色拉酱 2 支（塑料管装，每支约 50g），卡夫奇妙酱约 30g，炼乳 30g 同置碗内搅拌均匀即成。

【配方（二）】（配制 10 份菜）

卡夫奇妙酱 100g，蜂蜜 30g 共同搅拌均匀即成。

【配方（三）】（配制 10 份菜）

用生鸡蛋黄 4 个，色拉油 150~200g，白醋 20g，白糖 20g，芥末粉 10g，共置碗内调制均匀即成。注意调制时将蛋黄置人碗中，先加少许色拉油，并用筷子搅拌，待蛋黄与油融合后再加油搅动，最后用白糖、白醋、芥末等调料搅拌均匀即成。

【配制说明】

以上配方（一）是在有色拉酱的情况下的调配方法；以上配方（二）粤菜中使用较多，但成本较高；以上配方（三）为传统配制方法，成本较低。

色拉味汁常用于各种水果丁，黄瓜丁，土豆丁（需除水）的拌味使用，能起到增味、增香、增鲜、增色的效果。

十三、咸香味汁

【配方】（配制 30 份菜）

蒜茸 200g，姜末 50g，十三香粉 20g，精盐约 30g，味精粉 20g，白糖 10g，白胡椒粉 10g。

【制法】

将以上配方置碗中，再将色拉油 250g 入锅烧热，倒入调料中拌匀即成。

【配制说明】

此咸香汁常用于凉菜咸香鸡、白切鸡、白肚的拌制调味。此制法是根据粤菜方法调制。

十四、蒜茸油汁

【配方】（配制 30 份菜）

蒜茸 250g，精盐约 50g，味精粉 30g，白糖 15g，料酒 50g，白胡椒 10g，花生油 300g。

【制法】

将以上调料及蒜茸同置一容器中拌匀，再用花生油或色拉油烧六成热后倒入调料中搅拌均匀即成。

【配制说明】

此蒜茸汁是油汁型味汁，常用凉菜的白鸡、金钱肚、白肚、盐水口条等凉菜的拌制，属咸鲜蒜香味型。

第二节　常见的冷菜菜例

一、芝麻千张丝

【主料】千张 250g，芝麻 10g。

【调料】辣椒油 40g，味精、盐各 5g，花椒粉 1g，白糖 3g，料酒 25g。

【制作】①用刀把千张切细丝约 5cm 长，并用开水汆一次晾干。芝麻炒酥备用。②将炒勺烧热注入辣椒油，再将千张丝下入、用小火翻炒，待把水分炒干后再下盐、味精翻匀，然后再加入料酒、白糖，花椒粉，芝麻，翻炒均匀即成。

特点：麻辣鲜香，酥脆适口。

二、如意笋

【主料】净冬笋 400g，青椒 20g，鸡蛋清 30g，鸡胸脯肉 100g，火腿条 25g。

【调料】料酒 5g，盐 4g，味精 5g，葱姜汁 25g，干淀粉 3g。

【制作】①用开水先把冬笋煮熟，然后用滚刀切成约 20cm 长的薄片。鸡胸脯肉剁成鸡茸，加入味精、盐、蛋清、料酒和葱姜汁，搅拌均匀。把青椒挖去籽洗净，切成与火腿条一样粗（筷子粗）的长条。②把笋片摊平，抹上干淀粉和一层鸡茸，然后把两根火腿条放在笋片的一端，把两根青椒条放在另一端，由两端向中间卷起。其他按同法去做，卷好后上乱笼屉蒸熟取出，淋上香油。冷却后把两头切去，并切成 0.5cm 厚的片装盘即成。

【特点】色白、脆嫩。

三、盐水鸭

【主料】净肥鸭 1 只（2kg 左右）。

【调料】盐 150g，葱、姜各 50g，干淀粉花椒 100g，干淀粉大曲酒 25g，味精 7g。

【制作】①将鸭子内脏去净，清洗后，在鸭子腹壁里外抹上盐，腌 2 小时左右。②把锅烧热加入清水、花椒、盐、葱、姜，将鸭子下锅，烧开后转文火煮至四成熟时，再加入曲酒、味精，继续煮至鸭子全熟时取出。煮鸭子的卤汁，也同时离锅（下次再用），待鸭子冷却后，再浸入卤内，临吃时取出，切成长方块装盆，浇上少许卤汁即成。

【特点】色白微黄，醇香鲜嫩。

四、黄瓜拌虾片

【原料】虾两对，黄瓜一节，青蒜苗两棵，青菜叶三棵，酱油 25g，香油 3g，陈醋 10g，水泡木耳 10g。

【制法】将对虾脱皮，入开水锅里煮熟，捞出晾冷；把黄瓜洗净，直刀切成半圆片；青蒜苗、青菜叶拣洗净，直刀切成段，全部放在案上待用。这时将冷虾推切成片。再行装盘和调味。摆盘的次序是：先用青菜叶铺底，接着将虾片摆成花样（可自选），上层将黄瓜片、青蒜苗摆上，撒上水木耳，倒入酱油、香油、陈醋即好。

【特点】鲜艳美观，清香利口。

五、油泼黄瓜

【原料】嫩黄瓜 500g，食油 250g（蚝油 50g），花椒十粒，辣椒二个，葱半棵，姜丝10g，白糖15g，醋10g，精盐适量。

【制法】将黄瓜洗净，在案上切去两头，一剖两瓣挖去瓤子。白朝上立也切成间距一分的斜纹，刀的深度为黄瓜的一半，不要切透，再切成寸段；辣椒洗净直刀切成细丝。再将炒锅置旺火上，倒入油浇至八成熟，将黄瓜炸成碧绿然后捞出，面朝上摆在盘里。锅内留少许油，炸入花椒至焦捞出。随之把葱、姜、辣椒丝及各种调料放入，对成汁，浇在黄瓜上即成。

【特点】碧绿鲜脆，别有风味。

六、海带拌粉丝

【原料】水发海带150g，青菜叶三棵，水粉丝100g，醋15g，酱油15g，味精十粒，精盐15g，葱花10g，姜末5g，香油，蒜三瓣捣泥。

【制法】将海带洗净沙，直刀切成细丝，入开水汆透捞出；

水粉丝推切成五寸段，青菜叶洗净直刀切细丝。把3种菜料和入调盆内，然后将酱油、醋、精盐、味精、姜末、葱花、蒜泥、香油依次调入，搅拌均匀，装盘上桌即可。

【特点】丝长味香，色彩喜人。

七、肘花

【主料】猪肘3个（约5 000g）。

【配料】花椒、葱、姜各150g，八角100g，五香粉15g，砂仁粉10g。

【佐料】料酒150g，白糖100g，生硝1.5g，精盐250g。

【制法】①精盐、花椒和硝在锅中炒出香味，晾凉；猪肘洗净。②白糖和炒好的精盐、花椒和硝撒在猪肘上，在盆中揉匀腌制（夏天2天，冬季6~7天），每天揉搓一次，每次约10分钟。③腌好的肘子用冷水漂洗净，放在80℃的热水中汆一下，再用凉水洗净。④将肘子上的肥瘦肉均片成2mm厚的薄大片

（不能伤破肘皮）。将片好的肉片分层排垛在肘皮上，每层撒上五香粉和砂仁粉。最后将肘皮卷起，卷成20cm长、7.5cm粗的圆肉卷，用细麻绳缠紧缠匀。⑤锅内清水烧开，放入猪肘，加葱、姜、料酒、八角，煮2小时捞出，晾一下，将麻绳勒紧。晾晾后拆去麻绳，即可切成片上盘食用。

【特点】不碎不散，色质纯正，卤香绵长。

第三节　装　盘

一、装盘的意义与要求

（一）注意清洁，讲究卫生

菜肴经过烹调，已经起了杀菌消毒作用。如果装盘时不注意清洁卫生，让菜肴沾染上细菌或灰尘，就失去了烹调时杀菌消毒的意义。因此装盘时必须做到：菜肴要装在经过消毒的盛器内；手指不能接触成熟的菜肴；装盘时不可用手勺敲锅，锅底不得靠近盘边；不能用未消毒的抹布揩擦盘边，以免使已消毒的盛器重新污染。

（二）菜肴要装得形态丰满，主料突出

菜肴应该装得饱满丰润，不可这边高，那边低，而且要突出主料。如果菜肴中既有主料，又有配料，主料必须装得突出醒目，不可被配料掩盖，配料只能对主料起衬托作用。例如辣子鸡丁装盘后，应使人看到盘中鸡丁多于青椒，如果让青椒丁掩盖了鸡丁，就本末倒置了。即使是单料构成的菜肴，也应当注意突出重点。例如清炒虾仁，虽然盘中都是虾仁，但也要运用装盘技术把大的虾仁装在上面，以增加丰满之感。

（三）注意菜肴色形的美观

装盘时，应运用装盘技术，对主、配料在盘中的位置、方

向、形态进行恰当的安排，使菜肴在盘中色彩鲜艳，形态美观。例如炸龙凤腿，应将制成的菜肴在盘中排成圆圈，并使腿骨均朝盘边；而炸萝卜鱼，则应将根须部集中放在盘心，而使樱子向外，就显得美观大方；又如清炖鸡块，应将火腿、香菇、玉兰片等辅料摆放在汤面，以提高整个菜肴的色彩，使之更加鲜艳。

(四) 菜肴分盘要均匀

如果一锅菜肴要分装几盘，那么，对每盘菜的分配数量必须做到心中有数，特别是主配料要按比例分装均匀，不能有多有少，而且最好一次完成。如果发现有装得多，有装得少，再重新分配，就会影响菜肴形态完整和美观。

二、盛器与菜肴的配合原则

(一) 盛器的种类

菜肴装盘时所用盛器的种类很多，大小不一，在使用上各地也有所不同，难以一一列举，仅将几种常用的介绍如下。

1. 腰盘

腰盘又称长盘、鱼盘，是椭圆形扁平的盛器，因形态像腰子，故名。尺寸大小不一，最小的长轴 18cm，最大的长轴 70cm。小的可盛各式小菜，中等的盛各种炒菜，大的可盛整只的鸡、鸭、鱼、排翅等大菜及作筵席冷盘使用。

2. 圆盘（平盘）

圆盘是圆形扁平的盛器，尺寸大小不一，最大的 53cm，主要用于盛无汁或汁少的热菜与冷菜。

3. 汤盘

汤盘也是圆而扁的盛器，但是盘的中心凹下，最小的直径 20cm，最大的直径约 40cm，主要用于盛汤汁较多的烩菜、熬菜、半汤菜等，有些分量较多的炒菜，如炒鳝糊，往往也用汤盘盛装。

4. 汤碗

汤碗专作盛汤用，直径一般 27~40cm。另外还有一种带盖的汤碗，叫瓷品锅，主要用于盛整只鸡、鸭制作的汤菜，如香菇炖鸡、清炖鸭子等。

5. 扣碗

扣碗专用于盛扣肉、扣鸡、扣鸭等，使菜肴成熟后形态完整。其直径一般为 17~27cm。另外还有一种扣钵，一般用于盛全鸡、全鸭、全蹄等。

6. 砂锅

砂锅既是加热用具，又是盛器，适于炖、焖等用小火加热的方法。原料成熟后，就用原砂锅上席，因热量不易散失，有良好的保温性能，故多在冬天使用。规格不一，形式多样。

7. 汽锅

汽锅呈扁圆形状，有盖，由锅底突出一段汽孔道，一般为陶土制品（云南特产）。通常用来蒸制菜肴，即在汽锅内加汤、主辅料及调味品后加盖，放人蒸笼中加热，蒸汽集中由孔道进入锅内，使原料加热成熟。

8. 火锅

火锅有铜、锡、铝、陶等几种，呈圆形，中央有个小炉膛，安放燃料（木炭），锅体在炉膛的四周。还有一种菊花锅，无炉膛，用酒精作燃料，在锅下烧火，四面出火，火力较强。这两种火锅都能够自身供给热能，使汤水滚沸，可以临桌将生的原料放入锅中烫涮，边涮边吃。火锅一般在秋、冬季使用。

（二）盛器与菜肴的配合原则

菜肴制成后，都要用盛器装才能上席食用。不同的盛器对菜肴会有不同的影响。一个菜肴如果用适合的盛器盛装，可以把菜肴衬托得更加美观，因而增加人们对菜肴的喜爱。所以应当重视盛器与菜肴的配合。一般原则如下。

1. 盛器的大小应与菜肴的分量相适应

量多的菜肴应该用较大的盛器，量少的菜肴应该用较小的盛器。如果把量多的菜肴装在小盘小碗内，菜肴在盛器中堆砌得很满，甚至使汤汁溢出盛器外，不但不好看，还影响清洁卫生；如果把量少的菜肴装在大盘大碗内，菜肴只占盛器容积的很少位置，就显得分量不足。所以盛器的大小应与菜肴的分量相适应。一般说来，装盘时菜肴不能装到盘边，应装在盘的中心圈内；装碗时汤汁不能浸到碗沿，应占碗的容积的80%~90%。

2. 盛器的品种应与菜肴的品种相配合

盛器的品种很多，各有各的用途，必须用得恰当，如果随便乱用，不仅有损美观，而且食用时也不方便。例如一般炒菜、冷菜宜用圆盘或腰盘；整条鱼宜用腰盘；烩菜及一些汤汁较多的菜肴宜用汤盘；汤菜宜用汤碗；砂锅菜、火锅菜应原锅上席。

3. 盛器的色彩应与菜肴的色彩互相协调

盛器的色彩如果与菜肴的色彩配合得当，就能把菜肴的色彩衬托得更加鲜明美观。一般情况下，洁白的盛器对大多数菜肴都是适用的。但是有些菜肴，如果用带有色彩图案的盛器来盛装，可进一步衬托出菜肴的特色。例如，滑熘鱼片、芙蓉鸡片、炒虾仁等装在白色盘中，色彩就显得单调，装在带有淡绿色、蓝色或淡红色花边的盘中，就鲜明悦目。

三、装盘的方法

热菜的品种很多，装盘方法也各不相同，通常使用的有以下几种：

（一）炸、熘、爆、炒菜的装盘法

炸、熘、爆、炒菜的性质类似，装盘要求也大致相同。一般应做到：菜装在盘中应与盘的形状相适应，圆盘装成圆形，腰盘装成椭圆形，菜肴不可装到盘边；如两味菜肴同装一盘，应力求分量平衡，界线分明，不能此多彼少，更不能混在一起；如果一味菜肴有卤汁，另一味菜肴无卤汁或卤汁很少，应先装有卤汁的菜，再装无卤汁或卤汁很少的菜，否则卤汁会流在整个菜肴的四周，影响菜肴的色和形。

1. 炸菜的装盘方法

炸菜无芡无汁，块块分开。装盘时，先将菜肴倒（或捞）在漏勺中，沥干油，然后倒入盘中。倒时可用筷子或手勺挡一挡，以防倒出盘外。如果装盘后菜肴的形态不够美观，可用筷子将菜肴略加拨动调整，使其均匀饱满，切不可直接用手操作，造成污染。

2. 熘、爆、炒菜的装盘法

（1）一次倒入法。一次倒入法，适用于单一料或主配料无显著差别、质嫩易碎及勾芡的菜。装盘前应先大翻锅，将菜肴全部翻个身；倒入时速度要快，锅不易离盘太高，将锅迅速地向左移动，使原料不翻身，均匀摊入盘中。例如糟熘鱼片，因鱼片很鲜嫩，极易破碎，不可用手勺拨动，采用一次倒入法，使鱼片整齐均匀地摊入盘中。

（2）分主次倒入法。分主次倒入法，适用于主料配料差别比较显著的勾芡的菜，装盘前先将主料较多或主料成形较好的一部分菜肴用手勺盛起，再将盘中余菜倒入盘中，最后将手勺中的菜肴铺盖在上面。例如炒腰花在装盘时，一般先将腰花较多、花形较好的一部分用手勺盛起，再将锅中的余菜倒入盘中，然后将手勺中的菜铺盖在上面，以突出主料，使其成菜美观。

（3）覆盖法。覆盖法适应于基本无卤汁，勾厚芡的爆菜。

装盘前先翻锅几次，使锅中菜肴堆聚在一起，在最后一次翻锅时，用手勺趁势将一部分菜肴接入勺中，装进盘内，再将锅中余菜全部盛入勺中，覆盖盘中，覆盖时可将手勺略向下轻轻地按一按，使其圆润饱满。如油爆双脆、葱爆羊肉等菜肴一般都用这种方法装盘，因为这些菜肴面稠而黏性大，不宜用倒的方法。

（4）左右交叉轮拉法。左右交叉轮拉法，适用于形态较小，不勾芡或勾薄芡的菜。装盘前应先颠翻，使形大的或主料翻在上层，形小的或配料翻在下层，然后用手勺将菜肴拉入盘中。拉时应左边拉一勺，右边拉一勺，交叉轮拉，使形小的或配料垫底，形大的或主料盖面。例如清炒虾仁装盘时，应把大虾仁翻在上面，小虾仁翻在下面，然后把大虾仁用手勺轻轻地拉在锅内的左边，再用手勺把小虾仁左右轮流向盘中交叉斜拉，每勺不宜拉得太多，更不可直拉，以免大虾倾滑下来，大小又混在一起。待小虾仁全部拉完，最后将大虾仁拉盖在上面。

（二）烧、炖、焖、蒸菜的装盘法

烧、炖、焖、蒸菜大都用大型或整只的原料烹制而成，装盘方法大致相同。一般有以下几种方法。

1. 拖入法

拖入法适用于整只原料（特别是整鱼）烹制的菜肴。装盘时，先将锅作小幅度颠动，并趁势将手勺插到原料下面，然后将锅端近盘边，锅身倾斜，用手勺连拖带倒地把菜肴拖入盘中。拖入时锅不宜离盘太高。例如红烧全鱼、干烧全鱼等菜肴都是用这种方法装盘。

2. 盛入法

盛入法，适用于不易散碎的块形菜肴。装盘时，用手勺先将小的、形差的块盛入盘中，再将大的、形好的块盛在上面。勺边不要戳破菜肴，勺底沾有汤汁应在沿上刮下，以免汤汁滴在盘边，影响美观。例如黄焖鸡块、家常豆腐等菜肴都是用这种方法装盘。

3. 扣入法

扣入法适用于事先在碗中将主配料排列成图案，或排列得整齐圆满的菜肴。装盘前，先将原料逐块（片）紧密地排列在碗中，将原料正面向着碗底，先排好的、大的，再排差的、小的，不能排得太多或太少，以排平碗口为宜，要求整齐协调。排好后上笼蒸熟取出，把空盘反盖在碗上，然后迅速将盘碗一起翻转过来，将碗拿掉即成。翻转盘碗时，动作必须迅速，否则卤汁将沿盘边流出，影响美观。例如云片猴头、梅干菜蒸肉等就采用这种方法装盘。

4. 扒入法

扒入法适用于在锅中排列成整齐的平面或图案，装盘后仍不改变其排列形状的菜肴。装盘前，先从锅边的四周加油，并将锅晃几下，使油润入菜肴下面，然后将锅倾斜，把菜肴溜到盘中。倒入时，锅不宜离盘太高，一面倒，一面将锅迅速向左移动，这样才能使排列好的形状不变，保持原来的样子。例如扒三白、扒菜心等菜肴都是用这种方法装盘。

（三）烩菜的装盘法

烩菜装盘时，羹汤一般应占盛器容积的90%左右，如果太多，易于溢出，而且在上席时手指也易接触汤汁，影响卫生。但也不可太浅，太浅则不丰满。另外，有些菜需要主料浮在上面，装盘时，应先将主料盛在勺中，再将其余部分装入盘中，然后将手勺中的主料倒在上面。

（四）汤菜的盛装法

汤菜盛碗时，一般以盛至离碗边沿三分上下处为宜。大型原料应将菜肴整齐地扣入碗中，再将汤沿碗边缓缓倒入，以免影响形状和汤汁飞溅出碗外；小型易碎的原料扣入碗中后，应用手勺将菜肴盖住，再将汤从手勺上倒下，以保持菜肴形态美观。

此外，整只或大块的菜肴装盘时，必须讲究装盘形式。例如整鸡、鸭装盘时，应腹部朝上，背部朝下，头和颈应紧贴身边；又如整鱼应装在盘的中间，腹部有刀口的一面朝下；如果一盘装两条鱼，应大小一致，长短相近，腹部相对（也可相向或相背）并紧靠在一起，装盘后加要浇汁，应从头向尾浇，浇均匀。这样，才能使菜肴外形美观。

（五）热菜造型艺术

热菜造型艺术，与冷菜造型艺术有相似之处，都要经过立意构思、选料布局等一系列环节，但两者也确有区别，冷菜的造型，所选用的原料多已烹调过，所需要的只是刀工处理和拼摆；而热菜造型时，通常是在原料加热前先经过刀工处理或拼摆，然后再烹制成熟装盘造型，所以难度较大。

热菜造型艺术，从其表现手法来讲，大致可分为图案装摆法、花物陪衬法、雕塑造型法和成品堆拼法四种。但值得一提的是，有些菜肴不仅仅只用一种手法，也可以两种或三种手法同时并用，如图 6-1 至图 6-4 所示。

图 6-1　花物陪衬法（一）

图 6-2　花物陪衬法（二）

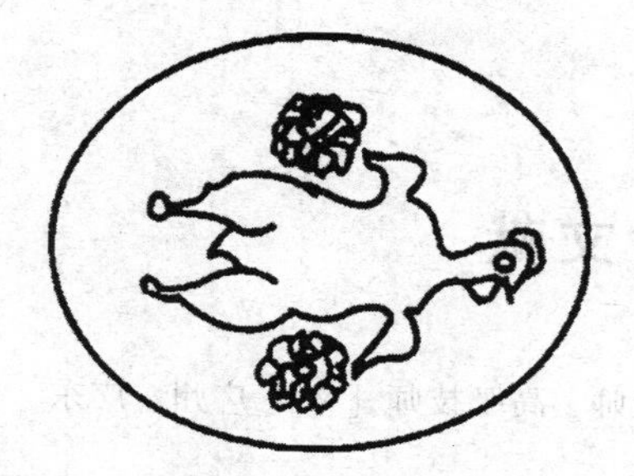

图 6-3　花物陪衬法（三）

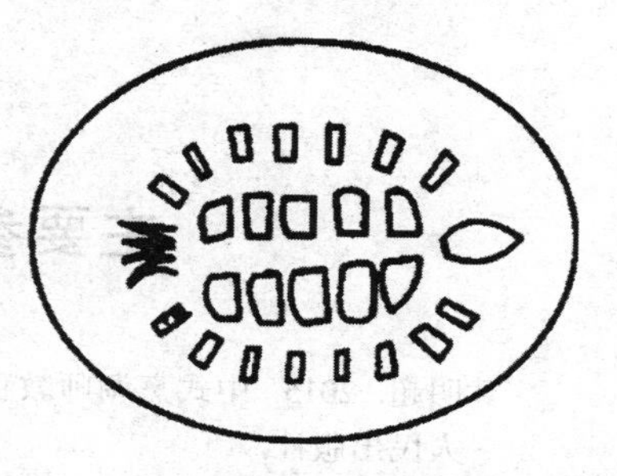

图 6-4　成品堆拼法

主要参考文献

黄明超. 2015. 中式烹调师教程：技师、高级技师［M］. 广州：广东人民出版社.

刘君. 2009. 中式烹调师［M］. 武汉：湖北科学技术出版社.

人力资源和社会保障部职业能力建设司. 2017. 中式烹调师［M］. 北京：中国劳动社会保障出版社.

赵廉. 2010. 中式烹调师：基础知识［M］. 北京：中国劳动社会保障出版社.